I0038932

CATALOGUE

DES

PLANTES VASCULAIRES

Qui croissent naturellement

DANS LES ENVIRONS D'AIX

PAR

MM. AMÉDÉE DE FONVERT ET J. ACHINTRE

Membres de l'Académie des Sciences, Agriculture, Arts
et Belles-Lettres d'Aix

DEUXIÈME ÉDITION

AIX
ACHILLE MAKAIRE, IMPRIMEUR - LIBRAIRE
2, rue Pont-Moreau 2,

1882

FLORE

D'AIX - EN - PROVENCE

FLORE D'AIX-EN-PROVENCE

CATALOGUE

DES

PLANTES VASCULAIRES

Qui croissent naturellement

DANS LES ENVIRONS D'AIX

PAR

MM. AMÉDÉE DE FONVERT ET J. ACHINTRE

Membres de l'Académie des Sciences, Agriculture, Arts
et Belles-Lettres d'Aix

DEUXIÈME ÉDITION

AIX
ACHILLE MAKAIRE, IMPRIMEUR - LIBRAIRE
2, rue Pont-Moreau 2,

1882

AVERTISSEMENT

DE LA

SECONDE ÉDITION

———

En 1870, dans la préface de la première édition de notre catalogue, M. le conseiller de Fonvert, mon collaborateur et mon regretté maître en botanique, s'exprimait ainsi : « Nous ne regardons pas notre catalogue comme complet : quoique nos herborisations aient duré près d'une vingtaine d'années, nous ne croyons pas avoir rencontré toutes les plantes vasculaires qui croissent dans les environs d'Aix. Mais le moment est venu pour nous de mettre un terme à notre travail. »

Aujourd'hui le moment est venu de reculer ce terme après dix longues années de nouvelles et fructueuses recherches, après des récoltes qui élèvent à 1507 espèces ou variétés les plantes de ce catalogue qui n'en comptait que 1306.

M. de Fonvert a remercié de leur utile concours Messieurs Derbez, professeur de botanique à la faculté des

Sciences de Marseille; Honoré Roux, cet infatigable et habile collecteur ; Grenier, un des auteurs de la *Flore de France;* le comte de Saporta qui, de l'étude des plantes vivantes, a passé avec tant de succès à celle des plantes fossiles ; Courcière, professeur au Lycée de Nîmes, notre compatriote, auteur d'une excellente agrostographie du département du Gard ; Philibert, professeur à la Faculté des lettres de notre ville que ses solides connaissances et son œil exercé nous auraient fait souhaiter d'avoir pour collaborateur, si nous l'avions connu avant que notre travail fût presque achevé.

Depuis, le temps a marché ; un nouveau canal est venu féconder notre territoire et a enrichi de plusieurs espèces la Flore du pays ; de nouveaux chercheurs la plupart jeunes et pleins d'ardeur se sont mis à l'œuvre et nous ont apporté le tribut de leurs découvertes. Nous citerons MM. Décopet de Saint-Hilaire et Convers, des Cayols, ces deux amis et voisins, qui se délassent des travaux de la campagne par l'étude des plantes et qui ennobliraient la profession d'agriculteur, si elle avait besoin d'être ennoblie. Nous leur devons plusieurs plantes entre autres le *Marrubium peregrinum* et le *Chorispora tenella* qui ne sont pas seulement une acquisition pour notre Flore ; mais aussi pour celle de la France. Le général Commine de Marsilly, auteur du catalogue des plantes de la Corse, et Briard, docteur en droit de Nancy, qui dans leur court séjour à Aix nous ont fait connaître, le premier l'*Anchusa undulata*, le second le *Leontice lentopetalum* qui manquait à la *Flore de*

France ainsi qu'un nouvel habitat de l'*Helianthemun ni-loticum*, qui avait disparu des bords de l'Arc et que nous regardions comme perdu pour la *Flore d'Aix*. Enfin M. Bérard, ancien professeur de Philosophie au collège d'Aix qui a consacré les loisirs de la retraite à l'étude des plantes, et qui par son infatigable ardeur, par son intelligence et par ses patientes investigations a fait en peu d'années des progrès que d'autres font à peine avec de longs travaux. Pour donner une idée de son précieux concours, il nous suffira de dire que sur les deux cents plantes ajoutées à notre ancien catalogue, il a le droit d'en revendiquer près de quatre-vingts.

NOTA. — Nous supprimons dans cette nouvelle édition la synonymie de Garidel, difficile à établir avec précision et ne s'adressant qu'à un nombre excessivement restreint de lecteurs.

Le nom latin du genre est suivi du nom français, même lorsque les deux noms sont identiques. Pour les espèces, nous ne répétons pas le nom français déjà connu, mais nous donnons le nom vulgaire de la plante et ensuite le nom provençal, quand il existe. Au moyen de la table qui offre la série de tous ces noms, quand dans ses promenades on rencontre un habitant de la campagne qui connaît le nom provençal ou le nom vulgaire d'une plante, au moyen de la table on arrive à la classer, c'est-à-dire à trouver l'ordre qu'elle occupe dans la science.

PLANTES VASCULAIRES

PREMIER EMBRANCHEMENT

EXOGÈNES OU DICOTYLÉDONÉES

—❧❦—

PREMIÈRE CLASSE : THALAMIFLORES.

Renonculacées.

CLEMATIS. L. gen. 696. Clématite.

C. flammula. L. sp. 766. — *Entrevadis.* Lieux incultes et pierreux. Juin. — Var. 6. Maritima. Terrains sablonneux, rives de l'Arc. Juin.

C. vitalba. L. sp. Vulg. Herbe aux gueux. *Entrevadis.* Dans les haies. Juin–Juillet.

THALICTRUM. L. gen. 678. Pigamon.

Th. minus. L. gen. 678. Sainte-Victoire. Juillet. Rive gauche de l'Arc, peu en aval du pont-aqueduc de Roquefavour. Juin.

Th. angustifolium. Rive droite de la Jouyne. Juin.

1

Th. flavum. L. sp. 770. Rive droite de l'Arc, peu en aval du pont de Roquefavour. Juin. Var. 6. angustifolium. Même localité, même époque.

ANEMONE. L. gen. 674. Anémone.

A. coronaria. L. sp. 760. *Tulipan vioulet*. Commune dans les champs et surtout dans les moissons. Elle n'est citée ni par Garidel, ni par Gérard. S'est-elle échappée des jardins depuis ces auteurs ? Mars, avril.

A. hortensis. L. sp. 763. Vallon du Cascavéou, au nord-ouest de la tour de la Kéyrié. Avril.

A. palmata. L. sp. 758. Au seul lieu du territoire où est indiquée la précédente et à la même époque.

A. hepatica. L. sp. 758. *Erbo doou fégé, Erbo de la Trinita*. Sainte-Victoire. Mars, avril.

ADONIS. L. gen. 608. Adonide.

A. autumnalis. L. 771. Vulg. Goutte de sang. *Rubisso*. Commune dans les champs et surtout dans les moissons. Avril, mai.

Ad. œstivalis. L. sp. 771. *Erbo d'amour*. Dans les moissons à Puyricard et à Collongue, près de la ferme. Avril, mai.

Ad. œstivalis. 6. flava. Près de la Pioline. Mai.

Ad. flammea. Jacq. Austr. 355. Commune dans les moissons autour de la ville. Avril, mai.

CERATOCEPHALUS. Mœnch. Meth. 218. Ceratocéphale.

C. falcatus. Pers. syn. 341. Abonde dans les moissons. Mars, avril.

RANUNCULUS. L. gen. 699. Renoncule.

R. aquatilis. L. sp. 781. Bords de la route de Marseille dans les mares de la Glacière, près du pont de l'Arc. Avril, mai.

R. Drouetii. Schultz. Dans le ruisseau de la Trébillane, près de Cabriès. Juin.

R. gramineus. L. sp. 773. Sainte-Victoire, près du monastère. Mai.

R. lingua. L. sp. 773. Dans les fossés de Raphèle. Septembre.

R. acris. L. sp. 779. Vulg. Bouton d'or. Commune dans les prés. Mai, juin.

R. repens. L. sp. 779. Vulg. Pied-de-poule. Bacinet. Commun dans les lieux humides. Mai, juin.

R. bulbosus. L. sp. 778. Vulg. Grenouillette. Rave de Saint-Antoine. Lieux humides. Mai, juin.

R. monspeliacus. L. sp. 778. Colline des Pauvres, vallon du Coq, Sainte-Victoire, Mai, juin.

R. chœrophyllos. L. sp. 780. Vulg. Renoncule cerfeuil. Plateau du nord-ouest de la Keirié et sur les bords de l'Arc. Mars, avril.

R. philonotis. Retz. Vulg. Renoncule des mares. Dans un pré du bord de l'étang de Berre. Mai.

R. arvensis. L. sp. 780. *Jaunoun.* Commune dans les champs cultivés. Mai.

R. muricatus. L. sp. 780. Renoncule hérissée. Dans un ruisseau entre la route d'Istres et le chemin de Galice, à deux kilomètres environ d'Aix, et entre les Milles et la Grande-Durane. Mai.

FICARIA. Dill. nov. gen. 108. — Ficaire.

F. ranunculoides. Mœnch. Meth. 215. Vulg. Ficaire, éclairette, petite éclaire, petite chélidoine. *Auriheto..* Abonde dans les lieux humides et couverts. Mars.

F. calthœfolia. Rchb. fl. exc. germ. 2, p. 718. Fenouillère, rive gauche de l'Arc, près du pont de l'Arc. Moins commune que la précédente et facilement confondue avec elle.

Garidella. Tournef. Instit. 655, t. 45. Garidelle.

G. nigellastrum. L. sp, 608. Garidelle nigelle. Plante annuelle et qui se déplace facilement. Montaiguet vers le bas du Chicalon, Tour de la Keirié, Pré de Magnan, rive gauche de l'Arc, dans un champ appartenant à M. Rey, sur le chemin de Meyreuil. Elle semble se maintenir depuis quelques années dans cette dernière station. Mai, juin.

Nigella. L. gen. 685. Nigelle.

N. damascena. L. sp. 753. Nigelle de Damas. Vulg. Barbeau, Barbiche, Barbe de capucin, Cheveux de Vénus. *Niello.* Bords des champs. Le nom de *Niello* est plus communément donné à une autre plante plus connue des cultivateurs. Voir Lychnis githago. Garidel ne parle pas du N. damascena, si commun aux environs d'Aix, et ne mentionne que le N. arvensis que nous n'avons jamais rencontré et que Castagne n'a probablemeut indiqué que sous la foi de Garidel. Mai, juin.

La figure de Garidel est évidemment celle du N. damascena.

Aquilegia. L. gen. 275. Ancolie.

A. vulgaris. L. sp. 752. *Galantino.* Indiqué par Castagne à Sainte-Victoire, où nous ne l'avons pas trouvé. Juin.

Delphinium. L. gen. 684. Dauphinelle.

D. consolida. L. sp. 748. Dauphinelle consoude. Vulg. Pied d'alouette. Champ cultivé près de Vauvenargues, Roquefavonr, sur la rive droite de l'Arc. Juin, juillet.

D. pubescens. Dec. fl. fr. 5, p. 641. Vulg. Pied d'alouette. *Flous d'amour. Flous dei Capouchin.* Commun dans les champs. Juillet, août.

Berbéridées

BERBERIS. L. gen. 412. Vinettier.

B. vulgaris. L. sp. 471, Vulg. Epine-vinette. Vinettier. Quartier de Chauchardi, sur les bords du chemin, versant nord de la Trévaresse, bords du chemin près de la Pioline. Mai.

Leontice. L. gen. n. 423. Léontice.

L. leontopetalum. L. sp. 448. Les Milles, dans un champ cultivé. Mai.

Papavéracées.

PAPAVER. L. gen. 471. Pavot.

P. rhæas. L. sp. 726. Vulg. Coquelicot. *Rouello, Maou d'ieu.* Infeste nos moissons. Mai, juin.

P. dubium L. sp. 726. Vallon de Barré. Généralement confondu avec le précédent dont il se distingue peu. Mai, juin.

P. argemone. L. sp. 725. *Esparpai, Maou d'ieu.* Commun dans les champs et au pied des murs. Mai.

P. hybridum. L. sp. 725. Croît à la même époque, dans es mêmes localités que le précédent.

RÆMERIA. Dec. syst. 2. p. 92. Ræmérie.

R. hybrida. Dc. ibid. Commun dans les champs cultivés. Mai, juin.

GLAUCIUM. Tournef. Instit. t. 130. Glaucière.

G. luteum. Scop. carn. 1, p. 369. *Rouello jaouno.* Abonde dans les sables des bords de l'Arc. Juin.

G. corniculatum. Court. Lond. 6, t. 32. Vulg. Pavot

cornu. Terrains cultivés et parois des vieux murs. Mai, juin.

CHELIDONIUM. Tournef. Inst. t. 146. Chélidoine.

Ch. majus. L. sp. 723. Vulg. Grande éclaire. *Erbo de Santo-Clairo, Erbo dei nieros.* Torse, au coin nord-est du château du Tholonet. Avril, mai.

HYPECOUM. Tournef. Inst. t. 145, Hypécoon.

H. pendulum, L. sp. 181. Vulg. Cumin cornu. Dans les moissons. Champ, près de l'hôpital et dans un autre, près du Prégnon. Mai, juin.

Fumariacées.

FUMARIA. L. gen. 849. Fumeterre.

F. muralis. Lond. in Koch. Champ des manœuvres, au levant contre un mur. Cuques, dans l'enclos de M. Borel. Mai.

F. Vaillantii. Lois. Plan de Lorgues. Bouonouro. Avril, mai.

F. officinalis. L. sp. 984. *Fumeterro, Ubriago* ou *Embriago.* Dans les cultures et aux parois des murs. Mars, avril, mai.

F. densiflora. Dec. cat. hort. Monsp. p. 143. Abonde au quartier de Bouonouro, à Cuques. Mai.

F. parviflora. Lam. Dict. 2, 567. Champs, murs et berges. Mars, avril.

F. spicata. L. sp. 985. Champs cultivés et en jachère. Croît à côté du F. officinalis et passe pour un poison. Mars, avril, mai.

Crucifères.

§ 1. — SILIQUEUSES.

RAPHANUS. L. gen. 822. Radis. *Arifouer.*

R. sativus. L. sp. 935. Cultivé et subspontané. Mai, juin.

La var. α. a la racine arrondie et rougeâtre à l'extérieur, c'est le Radis ou grand Raifort blanc.

La V. 6. a son épiderme noirâtre ; c'est le Radis noir, le Raifort des Parisiens.

La V. γ. a la racine fusiforme, allongée, on lui donne le nom de rave ou petite rave. Nous n'avons en Provence que les Var α et γ.

R. raphanistrum. L. sp. 935. Vulg. Ravenelle, ravonaillé. Annuel et rare, trouvé dans les sables de l'Arc en 1857 el 1867. Mai, juin.

R. landra. Moretti in Dc. syst. 2, p. 668. Bords de la Luyne. Mai.

CHORISPORA. Dc. syst. 2, p. 435. Chorispore.
Chorispora tenella. Dc. Prodr. 1, p. 186. Hameau de Saint-Hilaire. Mai.

SINAPIS. L. gen. 824. Moutarde.

S. arvensis. L. sp. 933. Vulg. Sénève, Jotte. *Moustardo fero.* Sables de l'Arc, vallon des Pinchinats. Mai, juin.

S. alba. L. sp. 933. Vulg. Moutarde blanche. *Moustardo blanco.* Champs cultivés, vallon de Brunet èt plateau au couchant. Mars, avril.

ERUCA. Dc. syst. 2, p. 636. Roquette.

E. sativa. Lam. fl. fr. 2, 496. *Rouqueto.* Rive droite de l'Arc à 20 ou 30 mètres en amont de la passerelle du tir.

Bords du canal du Verdon, près du vallon des Lauriers. Mai.

BRASSICA. L. gen. 828. Chou.

B. oleracea. L. sp. 932. Chou cultivé. *Caoulé.* Croît spontanément de graines éparses.

B. napus. L. sp. 934. Navé. *Naveu.* Cultivé; croît spontanément de graines éparses. Mars, avril.

B. nigra. Roch. Deutch. fl. 4, p. 743. Vulg. Senevé. Moutarde noire. Rive droite de l'Arc, à la prise de la Pioline. Juin.

B. elongata. Dc. Prodr. Rive droite de l'Arc, un peu en aval des Infirmeries, plus abondant au Hameau de Saint-Hilaire. Mai, juin.

HIRSCHFELDIA. Mænch. Meth. 264. Hirschfeldie.

H. adpressa. Mænch. ibid. Bords des champs et lieux incultes. Mai, juin. — Les paysans confondent cette plante avec la *Laceno,* voir *Rapistrum rugosum.*

DIPLOTAXIS. Dc. syst. 2, p. 628. Diplotaxis.

D. saxatilis. Dc. ibid. p. 636. Sainte-Victoire, près du monastère. Mai.

D. tenuifolia. Dc. syst. 2, p. 632. Vulg. Roquette. *Rouqueto fero.* Lieux incultes et voisinage des habitations. Mai à octobre.

D. muralis. Dc. syst. 2, p. 634. Champs et rives au Midi. Mai, juin.

D. viminea. Dc. syst. 2, p. 635. Champs et rives au Midi, petit chemin du Tholonet, Cuques, Mai, juin.

D. erucoides. Dc. syst. 2, 634. Vulg. Roquette blanche. *Rouqueto blanco.* Champs et rives. Abonde surtout après le pont de Béraud, en montant au vallon des Lauriers. Mars, avril.

D. erucastrum. Gr. et Godr. fl. fr. 1, 81. *Rouquetto fero.*

MALCOLMIA. R. Brown. Kew. p. 121. Malcolmie.

M. africana. R. Brown. Indiquée à Aix par plusieurs botanistes. Nous ne l'avons trouvée que dans un séchoir à laines. Avril.

M. maritima. R. Brown. Vulg. Giroflée de Mahon. Bords de l'Arc et voisinage des habitations, probablement de graines échappées des habitations. Mars, avril.

CHEIRANTHUS. R. Brown. Kew. 4, p. 118. Giroflée.

C. Cheiri. L. sp. 934. Vulg. Violier jaune. Giroflée jaune. Ravenelle jaune. *Viaulié jaoune.* Cuques, vallon de Mauret et autrefois sur les remparts d'Aix. Avril, mai.

ERYSIMUM. L. gen. 814. Vélar.

E. australe. Gay. Sommet de Sainte-Victoire. Mai.

E. ochroleucum. Dc. fl. fr. 4, p. 658. Vauvenargues, Sainte-Victoire. Mai.

E. perfoliatum. Crantz. fl. austr. 27. *Coouletoun.* La plaine des Milles. Mai.

BARBAREA. R. Brown. Kew. 4, p. 109. Barbarée.

B. vulgaris. R. Brown. ibid. *Erbo de santo Barbo.* Pré du moulin du vallon des Pinchinats, avant celui du Pavillon-de-l'Enfant.

B. arcuata. Rchb. bot. Zeit. 1820. Chemin de Meyreuil, rive à droite cn remontaut l'Arc. Juin.

SISYMBRIUM. L. gen. 815. Sisymbre.

S. officinale. Scop. carn. 2, p. 26. Vulg. Vélar. Herbe du chantre. Tortelle. Bords des chemins, le long des murs. Mai, juin.

S. polyceratium. L. sp. 918. Au pied du mur entre l'hôpital et l'enclos de M. Vieil. Mai.

S. Columnæ. Jacq. austr. Bords des chemins, au pied des murs autour de la ville et dans les champs. Mai, juin.

S. pannonicum. Jacq. coll. 1, p. 70. Champ cultivé près du gour de Martelly; rive droite de l'Arc, un peu en aval des Infirmeries. Mai, juin.

S. alliaria. Scop. carn. 2, p. 26. Vulg. Alliaire. *Erbo de l'aïet*. Les haies et les lieux herbeux et couverts. Avril.

S. irio. L. amæn. Commun au pied des murs, autour de la ville et dans les rues. Mai, juin.

S. sophia. L. sp. 920. Vulg. Science ou sagesse des chirurgiens. Talictron. Rive droite de l'Arc, un peu en aval des Infirmeries. Juin.

NASTURTIUM. R. Brown. Kew. Cresson.

N. officinale. R. Brown. ibid. Vulg. Cresson de fontaine, cresson d'eau. *Creissoun*. Commun dans les cours d'eau et dans les mares. Mai, juin.

N. sylvestre. R. Brown. Bords de l'Arc, en amont du pont de l'Arc. Juin.

ARABIS. L. gen. 818. Arabette.

A. verna. R. Brown. Kew. 4, p. 105. Coteau sur lequel s'appuie au midi le barrage du canal Zola, Sainte-Victoire. Avril, mai.

A auriculata. Lam. dict. 1, p. 219. Rochers exposés au nord, vallon de Repentance, berge du chemin de Meyreuil. Avril, mai.

A. sagittata. Dc. fl. fr. 5, p. 592. Haies et lieux ombragés, Torse, Cuques. Mai, juin.

A. Gerardi. Bess. in Koch. fl. fr. 4, p. 618. Vallon de la Mure. Mai, avril.

A. muralis. Bertol. dec. ital. 2, p. 27. Rochers exposés au nord, Cuques, le Prégnon, Montaiguet. Mars, avril.

A. thaliana. L. sp. 929. Vers la plaine dei Dédaou. Vallon de Repentance. Barret. Mars, avril.

CARDAMINE. L. gen. 842. Cardamine.

C. hirsuta. L. sp. 915. *Creissoun sauvagi.* Haies et rives herbeuses. Avril, mai.

§ 2. — SILICULEUSES.

LUNARIA. L. gen. 809. Lunaire.

L. biennis. Mænch. Meth. 126. Vulg. Médaille. Grande lunaire. *Médahio de Judas.* Sur la pelouse du talus près du château de Saint-Antonin. Avril.

ALYSSUM. L. gen. 805. Alysson.

A. incanum. L. sp. 908. Saint-Hilaire et trouvé une fois à Cuques. Juin.

A. calicynum. L. sp. 908. Commun dans les champs et au bord des chemins. Avril, mai.

A. campestre. L. sp. 909. Dans les champs et sur les rives, moins commun que le précédent. Avril, mai.

A. maritimum. Lam. dict. 1, p. 98. *Blanqueto.* Coteaux pierreux. Trois-Moulins. Mai et juin, refleurit en septembre.

A. spinosum. L. sp. 907. Indiqué à Aix par Castagne, non retrouvé par nous.

CLYPEOLA. L. gen. 807. Clypéole.

C. jonthlaspi. L. sp. 910. Parois des murs et lieux pierreux. Avril, mai.

C. gracilis. Moris. Sainte-Victoire, sentier conduisant du monastère à la Croix et sur le rocher de *Baou-Trouca.* Mai.

DRABA. L. gen. 800. Drave.

D. muralis. L. sn. 897. Mentionné par Garidel comme croissant à Puyricard et au quartier de la Lauve, non retrouvé.

D. verna. L. sp. 896. Commun partout. Février, mars.

Myagrum. Tournef. instit. t. 99. Myagre.

M. perfoliatum. L. sp. 893. Chemin neuf, bord du fossé sous les platanes. Commun dans la plaine des Milles. Mai.

Camelina. Krantz. austr. 1, p. 17. Caméline.

C. sylvestris. Saint-Hilaire. Juin.

C. sativa. Fries. nov. mant. 3, p. 72. Champ cultivé au Gour-de-Martelli et aux Trois-bons-Dieux dans une moisson. Mai.

C. fœtida. Fries. nov. mant. 3, p. 70. Dans les champs aux Milles. Castagne. Juillet.

Neslia. Desv. Journ. mant. 3, p. 162. Nélie.

N. paniculata. Desv. Abonde dans les champs cultivés. Juin.

Calepina. Adams. flam 2, p. 423. Calépine.

C. Corvini. Desv. Dans les prés, et surtout à la Fenouillère. Mars, avril.

Bunias. R. Brown. Kew. Bunias.

B. erucago. L. sp. 935. Bunias. Fausse roquette. Vulg. Masse au bedeau. *Ravanasso fero.* Commun dans les champs. Avril, mai.

Isatis. L. gen. 824. Pastel.

I. tinctoria. L. sp. 936. Vulg. Pastel. Guède ou Guesde. *Mès de mai.* Commun dans les champs et sur les berges. Mai, juin.

Biscutella. L. gen. 808. Lunetière.

B. nicæensis. Jord. Commun dans les lieux incultes. Juin, juillet.

IBERIS. L. gen. 804. Ibéride.

I. pinnata. Gouan. h. monsp. 319. *Bramo-Fam.* Commun partout, principalemeut dans les lieux secs et pierreux. Mai, juin.

I. ciliata. All. auct. p. 15. Vallon du Beau, près du hameau de Saragousse et à Parouviers, vers Venelles. Juin, juillet.

I. linifolia. L. sp. 905. Abonde au Montaiguet. Mai. Refleurit en septembre et octobre.

I. saxatilis. L. amœn. 4, p. 321. Sainte-Victoire. Parois des rochers dans la cour du monastère et dans les environs. Avril, mai.

ÆTHIONEMA. R. Brown. Kew. Ethionème.

Æ. saxatile. R. Brown. Montaiguet. Vallon du Grivoton et dans celui du Chicalon, sur le point culminant du *Saut des Donnes.* Avril, mai.

THLASPI. Dillen. fl. gen. p. 125. Tabouret.

T. arvense. L. sp. 901. Vulg. Monoyère. Saint-Hilaire, et à Aix dans le pré vis-à-vis de la tannerie de la porte d'Orbitelle. Juin.

T. perfoliatum. L. sp. 902. *Moucelé.* Commun dans les haies et dans les champs. Mars, avril.

T. bursa-pastoris. L. sp. 903. Vulg. Bourse à pasteur, Evangile. *Erbo dou couar.* Commun sur les rives et dans les champs. Mars, juillet.

HUTCHINSIA. R. Brown. Kew. Huthchinsie.

H. petræa. Brown. Dans les trous des vieux murs et sur les rives exposées au nord. Avril.

LEPIDIUM. L. gen. 801. Passerage.

L. sativum. L. sp. 899. Vulg. Cresson alenois, Nasitort. *Nestoun.* Croît spontanément de graines éparses. Avril, mai.

L. campestre. Brown. Assez rare, croît çà et là sur les bords des chemins. Mai.

L. hirtum. Dc. syst. 2, p. 536. Saint-Donat, vallon des Gardes, rive droite de la route de Vauvenargues entre le Prégnon et Collongue. Montaiguet près de la ferme de Bompart. Avril, mai.

L. graminifolium. L. sp. 900. Vulg. Chasserage, petit passerage. Nasitort sauvage. Bords des chemins et des champs. Eté.

L. latifolium. L. sp. 899. Quartier de Fenouillère, sur les bords du bassin du domaine de M. Fouquet. Août, septembre.

L. draba. L. sp. 615. Infeste les moissons et est connu sous le nom de *Pan blanc*. Avril, mai.

Senebiera. Pers. syn. 2, p, 185. Sénebière.

S. coronopus. Poir. Bord de la route d'Avignon entre la gare et le château de la Calade, aux Milles, dans une fosse d'extraction. Juin.

Rapistrum. Boerh. lugd. bat. 406. Rapistre.

R. rugosum. All. ped. 1, 257. Bords des champs et des chemins. Avril, mai.

6. dissectum. Var. Découverte à Fonlèbre, remarquable par ses feuilles pinnatipartites.

R. orientale. Dc. syst 2, p. 433. Roquefavour, près de l'Ermitage.

Capparidées.

Capparis. L. sp. 720. Caprier.

C. spinosa. L. sp. 720. *Tapenié.* Tout l'été.

6. sterilis. Nob. Bourgeons plus arrondis, feuilles plus allongées. *Non mucronées*, couvertes en dessus de poils

blancs, courts et appliqués. Tiges et rameaux verts, jamais ascendants. *Pas de fruits.* Croît comme l'autre, bien plus commune, sur les vieux murs de soutènement exposés au midi.

Cistinées.

Cistus. Tournef. inst. 136. Ciste. *Massugo.*

C. albidus. L. sp. 737. Lieux pierreux et incultes : plateau et pente de la colline des Pauvres. Mai, juin.

C. salviæfolius. Lieux secs et incultes, bords du chemin de la tour de la Keirié, vis-à-vis du château de Repentance. Mai.

Helianthemum. Tournef. instit. Hélianthême.

H. niloticum. Pers. syn. 2, p. 78. Berge du petit chemin des Milles, vers le Gour-de-Martelli et petit chemin de Tholonet à gauche, non loin du château. Mai.

H. salicifolium. Pers. syn. 2, p. 78. Champs arides et pierreux, Cuques. Avril, mai.

H. lavanduloefolium. Dc. fl. fr. 4, p. 820. Plateau à gauche de Roquefavour. Juillet.

- H. hirtum. Pers. syn. 2, p. 79. Lieux secs et pierreux, Cuques, colline des Pauvres. Mai-juillet.

H. vulgare. Lieux frais. Vallon de Barret, des Pinchinats. Mai-juillet.

H. polifolium. Dc. fl. fr. 4, p. 823. Coteaux secs, quartiers du pont de Béraud, de Barret, de Mauret. Mai, juin.

H. italicum. Pers. syn. 2, p. 76. Mêmes lieux, même époque. γ. Micranthum. Montaiguet sur les sentiers.

H. marifolium 6. tomentosum. Gr. et Godr. fl. fr. 1, p. 172. Vallon du Beau, entre Roquefavour et Rognac. Juin.

FUMANA. Spach. nouv. ann. 6, p. 359. Fumane.

F. procumbens. Gr. et Godr. 1, 173. Coteaux secs, Cuques. Mai, juin.

F. Spachii. Gr. et Godr. 1, 174. Mêmes lieux, même époque que le précédent.

F. lævipes. Spach. L. c. Lieux secs, côteau ouest de la colline des Pauvres. Fleurit plus tôt que les deux précédents.

F. viscida. Spach. ibid. Mai, juin.

α. vulgare. Commun partout.

γ. juniperifolium. Cuques.

δ. læve. Coteaux secs et pierreux. Repentance, près de la campagne de M. le docteur Gouyet. Juin, juillet.

M. Philibert signale cette dernière variété comme très-distincte de l'espèce à laquelle on la rapporte, par son aspect glabre et glauque, par ses feuilles ni visqueuses ni tomenteuses, par ses stipules sétacées se terminant souvent, ainsi que les feuilles, par un poil. Il propose donc d'en faire une espèce sous le nom de *F. œstivalis* à cause de sa floraison plus tardive. Elle diffère du F. lavipes par ses feuilles surtout roulées en dessous par les bords.

Violariées.

VIOLA. Tournef. inst. 419. Violette. *Viouletié.*

V. hirta. L. sp. 1324. Haies et rives gazonnées. Mars, avril.

V. odorata. L. sp. 1324. Haies, prairies et bords de l'Arc. Mars, avril.

La V. à fleur blanche croît au vallon du Laurier. Février.

V. collina. Bess. en Vohl, p. 10. Haies, rives gazonnées. Mars, avril. Elle diffère du V. *hirta* en ce qu'elle est rante, et par ses stipules plutôt ciliées que fimbriées et dont les cils dépassent le diamètre de la stipule.

V. sylvatica. fl. ital. p. 164. Rive gauche de l'Arc, un peu en amont du pont des Trois-Sautets, pré au levant du Moulin-Fort. Avril.

V. elatior. Vauvenargues, vallon des Masques. Mai.

V. tricolor. L. sp. 1326. Vulg. Pensée. ζ. graciles-lescens Jord. Quartier de Beauval, dans les moissons. Juin.

Résédacées.

RESEDA. L. gen. 608. Réséda.

R. phyteuma. L. sp. 645. Les champs autour de la ville, Cuques. Fleurit presque toute l'année.

R. odorata. L. sp. 646. Réséda. Cultivé et subspontané. Février-juin.

R. lutea. L. sp. 645. Pont des Chandelles et sables de l'Arc. Mai-juillet.

Droséracées.

ALDROVANDA MONTI. Act. Conn. 2, 404. Aldrovande.

A. vesiculosa. L. sp. 402. Marais de Raphèle. Septembre.

PARNASSIA. Tournef. Inst. 127. Parnassie.

P. palustris. L. sp. 391. Récolté par Teissier sur les bords de la Luyne, vers le hameau de ce nom. Nous l'avons vue dans son herbier, mais nous ne l'avons pas retrouvée. Août, septembre.

2

Polygalées.

POLYGALA. L. gen. 834. Polygala.

P. comosa. Schk. 2, t. 296. Lieux herbeux des bords de l'Arc. Mai.

P. vulgaris. L. sp. 986. Bords de l'Arc, où l'on trouve les trois variétés : violette, rose et blanche.

P. monspeliaca. L. sp. 987. Plateau de la colline des Pauvres, vallon de la Guiramande. Mai.

Silénées.

SILENE. L. gen. 567. Silène ou Cornillet.

S. inflata. Smith. Brit. 467. Vulg. Béhen. *Crenié, cresineu*. Bords des chemins et des champs. Mai.

S. conica. L. sp. 598. Sables de l'Arc. Mai.

S. gallica. α genuina. S. quinquevulnera L. sp. 595. Séchoir à laines de Crémieux. Mai.

S. nocturna. L. sp. 595. Champs et coteaux, commun à Cuques, bords de l'Arc. Mai.

6. brachypetala. Rob. et Cast. in Dc. Chemin neuf au bas de la cascade. Juin.

S. saxifraga. L. sp. 602. Sainte-Victoire, sur les parois des rochers, dans la cour du monastère et aux environs. Mai, juin.

S. muscipula. L. sp. 604. Vulg. Gobe-Mouches. Coteaux et champs sablonneux, Cuques. Mai.

S. italica. Pers. syn. 4, p. 498. Haies et rochers. Avril, mai.

S. otites. Smith. fl. brit. 469. Lieux pierreux, Cuques. Mai, juin.

S. dichotoma. Ehrh. beitr. 7. Rive gauche de l'Arc, quartier du Cannet. Juin.

LYCHNIS. L. gen. 583. Lychnis.

L. flos-cuculli. L. sp. 625. Saint-Hilaire. Mai.

AGROSTEMMA. L. gen. 584. Nielle.

A. githago. L. sp. 624. Trop commun dans les moissons. Mai.

SAPONARIA. L. gen. 564. Saponaire.

S. officinalis. L. sp. 584. *Sabouniero*. Bords de l'Arc, quartier du Peireguié. Juin, juillet.

S. ocymoides. L. sp. 585. Coteaux pierreux, Barret. Avril, mai.

GYPSOPHILA. L. gen. 563. Gypsophile.

G. vaccaria. Sibth. et Smith. fl. græc. prodr. 1, 279, Dans les moissons, assez rare. Mai, juin.

DIANTHUS. L. gen. 565. OEillet. *Uyet*.

D. prolifer. L. sp. 587. Lieux incultes, vallon de Barret, coteaux qui dominent la Torse. Mai, juin.

D. liburnicus. Bartling. Vallon de Barret, colline des Pauvres. Juin, juillet.

D. carthusianorum. L. sp. 586. Vulg. Bouquet parfait. Colline des Pauvres, haut du vallon des Lauriers. Juin, septembre.

D. hirtus. Vill. Dauph. 3, p. 593. Coteaux et berges des chemins, colline des Pauvres, chemin de Vauvenargues. Mai, juillet.

D. virgineus. L. sp. 590. *Girouflado fero*. Coteaux incultes et bords de l'Arc. Juillet-septembre.

D. monspessulanus. L. sp. 588. Vulg. OEillet Mignardise. Indiqué à Sainte-Victoire par Garidel, non retrouvé par nous.

VELEZIA. L. gen. 448. Vélèze.

V. rigida. L. sp. 474. Colline des Pauvres, les Milles dans une fosse d'extraction. Assez rare. Juin.

Alsinées.

SAGINA. L. gen. 176. Sagine.

S. apetala. L. Mant. 559. Dans les jardins, coteau exposé au midi, près du moulin *Destesta*.

BUFFONIA. L. gen. 168. Buffonie.

B. tenuifolia. L. sp. 179. Rives et coteaux secs. Cuques. Juillet.

ALSINE. Wahl. fl. lap. 129. Alsine.

A. tenuifolia. Crantz. Inst. 2, p. 407. Rives et haies, chemin des Pinchinats, Cuques. Mai, juin.

A. Villarsii. M. et K. Deutschl fl. 3, p. 282. Sainte-Victoire. Mai.

A. conferta. Jord. Pugil. plant. nov. 1852, p. 35. Les Milles dans une fosse d'extraction, berge entre la campagne de M. Pissin et celle du docteur Arnaud. Mai.

A. mucronata. L. Manth. 358. Sainte-Victoire. Juin.

A. bauhinorum. Gay. Mon. in. Sainte-Victoire, abonde vers le sommet. Juin.

ARENARIA. L. gen. 777. Sabline.

A. serpillifolia. L. sp. 606. Parois et crêtes des murs, champs sablonneux, Cuques. Mai.

A. modesta. Dc. Prodr. 1, 410. Sainte-Victoire, sous les arbres. Juin.

A. grandiflora. All. ped. 2, 113. Crête de Sainte-Victoire, entre le monastère et le Garagay. Mai, juin.

A. tetraquetra. L. Mant. 386. Sainte-Victoire, entre Vauvenargues et le Bec-de-l'Aigle. Juin.

STELLARIA. L. gen. 568. Stellaire.

S. media. Vill. Dauph. 3, p. 615. *Paparudo.* Cultures, pieds des murs, les jardins et les cours de la ville. Printemps et été.

α. major. Kock. Cuques, mur du levant.

HOLOSTEUM. L. gen. 333. Holostée.

H. umbellatum. L. sp. 130. Berges et terres cultivées, chemin d'Avignon, de Puyricard, de Meyreuil. Mars-mai.

CERASTIUM. L. gen. 585. Ceraiste.

C. viscosum. L. sp. 627. Rives et champs incultes, la Torse, Cuques. Avril, mai.

C. brachypetalum. Desp. in Pers. Syn. Chemin de Meyreuil, Montaiguet, vallon du Chicalon. Mai.

C. semidecandrum. L. sp. 627. Champs et coteaux, bords de l'Arc, abonde à la Torse, près du petit chemin du Tholonet. Mai.

C. glutinosum. Friès. Lieux sablonneux et rocheux, bords de l'Arc. Mars, avril.

C. vulgatum. L. sp. 627. Berges autour de la ville, grande prairie du Tholonet. Avril.

C. arvense. L. sp. 628. Sainte-Victoire, descend jusqu'au vallon de la Ribière, vers le hameau des Bonfilhons. Récolté par nous sur le chemin de Vauvenargues aux Trois-bons-Dieux, d'où il a disparu. Mai, juin.

MALACHIUM. Friès. fl. holl. Malaquie.

M. aquaticum. Friès. ibid. Mentionné par Castagne, non retrouvé par nous. Juin.

SPERGULARIA. Pers. Syn. 504. Spargulaire.

S. rubra. Pers. ibid. Bords des chemins, pied de plusieurs murs de la ville et de ses faubourgs. Mai.

S. media. Pers. Syn. 6. marginata. Fenzl. Rognac, près de l'étang de Berre. Août.

Linées.

LINUM. L. gén. 389. Lin. *Lin.*

L. campanulatum. L. sp. 400. Coteaux découverts et argileux. Vallon de Mauret, vallon des Lauriers. Mai.

L. strictum. L. sp. 400. Lieux pierreux, Cuques, les Trois-Moulins, petit chemin du Tholonet. Mai, juin.

L. maritimum. L. sp. 400. Bords herbeux de l'Arc. Juillet.

L. tenuifolium. L. sp. 398. Montaiguet, vallon des Cailles et de Fontgamate. Juin, juillet.

L. suffruticosum. L. sp. 400. Le Prégnon, vallon du Tir au Montaiguet. Juin, juillet.

L. narbonense. L. sp. 398. Coteaux secs, abonde au vallon de Mauret. Juin.

L. angustifolium. Huds. Lieux frais, la Torse, bords de l'Arc, vallon des Pinchinats. Mai.

L. usitatissimum. L. sp. 397. Champs cultivés sur les coteaux de Brunet, de Bouenouro, de Céloni, dans un pré à la Torse. Mai, juin.

L. alpinum. L. sp. 1672. γ Cristallinum. Indiqué par Gr. et Godr. Entre Aix et Roquefavour, non retrouvé par nous.

L. austriacum. L. sp. 399. Près de la campagne de Mme Remondet dans une terre arrosée. Mai.

L. catharticum. L. sp. 401. Bords des ruisseaux, derrière le château du Tholonet, Langesse. Avril.

RADIOLA. Gm. syst. 1, p. 289. Radiole.

R. linoides. Gm. ibid. Lieux sablonneux et humides. (Castagne.)

Tiliacées.

TILIA. L. gen. 660. Tilleuil. *Tiu, tieu.*

T. platyphylla. Scop. carn. 1, p. 373. Parc de la Sextia, enclos de M. J. Vieil. Vulg. Tilleul commun, tilleul de Hollande. Mai–juillet.

T. sylvestris. Cesf. Cat. par. 152. Vulg. Tilleul des bois, Tillau. Sainte-Victoire, le haut du vallon du *Baou-Trouca.* Commun dans les champs et dans les jardins. Mai–juillet.

T. intermedia. Dc. Prodr. 1, p. 513. Bouonouro, près de la campagne de M. Dombre, Chauchardi, à la campagne de M. Brémond. Mai–juin.

T. argentea. Desf. Cultivé dans les jardins. Mai, juin.

Malvacées.

MALVA. L. gen. 841. Mauve.

M. sylvestris. L. sp. 969. Vulg. Mauve. Grande mauve. *Maougo, Maoulo.* Lieux incultes, bords des chemins. Mai–juillet.

M. nicæensis. All. ped. 2, p. 40. Bords des chemins, lieux incultes, la Calade près du château, Cuques. Juin.

M. rotundifolia. L. sp. 869. Vulg. Petite Mauve. Moins commune que les précédentes. Fenouillère derrière la fabrique des tourteaux. Mai, juin.

ALTHÆA. L. gen. 839. Guimauve.

A. officinalis. L. sp. 966. *Mauvo blanco*. Bords d'un ruisseau, près de Rognac, fenouillère derrière la fabrique des tourteaux. Juillet, août.

A. cannabina. L. sp. 966. *Canebas*. Haies, bords dr l'Arc, sentier conduisant à la campagne de Mme Guignon. Juillet, août.

A. hirsuta. L. sp. 966. Terrains pierreux, champs en jachères. Vallon des Gardes, gour de Martelly. Mai, juin.

A. alcea. Cav. Diss. 2, n° 156. Vulg. Rose trémière, Passe-rose, Mauve-rose. Cultivée et subspontanée loin des habitations, vallon de Brunet, Montaiguet. Juillet, août.

Géraniées.

GERANIUM. L. gen. 842. Géranium.

G. tuberosum. L. sp. 953. Quartier du Peyblanc, des Gervais, terre cultivée près du jas de Bouffan. Mars, avril.

G. sanguineum. L. sp. 958. Montaiguet, vallon du Saint-Esprit. Mai.

G. columbinum. L. sp. 956. Vulg. Pied de Pigeon. Bords des prés, lieux frais, Cuques, Beauval. Avril, mai.

G. dissectum. L. sp. 956. Même localité, même époque que le précédent. Commun surtout aux bords des prés.

G. pyrenaicum. L. Mant. 257. Vauvenargues, prairie

dans le château, bords de la Bredaque, le pré le plus voisin de la gare.

G. molle. L. sp. 955. Bords des chemins, lieux incultes. Mai, juin.

G. rotundifolium. L. sp. 957. Mêmes localités, même époque que le précédent.

G. lucidum. L. sp. 955. Lieux pierreux, vallon du Cascaveou, sous le barrage du canal Zola, Sainte-Victoire. Mai, juin.

G. robertianum. L. sp. 955. Vulg. Herbe à Robert. Haies et rives exposées au nord, Cuques, près de M. Borel, Repentance. Mai, juin.

6. parviflorum. Viv. fl. Syb. sp. p. 39. Roquefavour. Avril.

ERODIUM. L'Hérit. in Dc. fl. fr. 4, p. 838. Erodium.

E. malacoides. Villd. sp. 3, pr. 639. Vulg. Erodium. Fausse-Mauve. *Frisoun*. Au pied des murs, rives exposées au midi.

E. ciconium. Willd. Vulg. Bec de grue, Pied de perdrix. *Gros frisoun*. Les champs, pied des murs, les décombres. Avril. mai.

E. cicutarium. L'Hérit. Mêmes lieux et même époque que le précédent.

6. chærophyllum. Dc. l. C. Très commun sur les pelouses. Mai.

E. romanum. Willd. sp. 3, p. 630. Commun sur les bords des chemins et sur les pelouses. Fleurit à peu près toute l'année.

Hypéricinées.

HYPERICUM. L. gen. 902. Millepertuis.

H. perforatum. L. sp. 1105. *Erbo de l'oli rouge.* Commun sur les bords de l'Arc, colline des Pauvres, Cuques. Juin, juillet.

H. tetrapterum. Fries. n. 236. Chemin des Pinchinats, bords du fossé de la prairie, rive droite de l'Arc. Juillet, août.

H. humifusum. L. sp. 1105. Colline des Pauvres, Montaiguet, au pré de Magnan. Juillet.

H. tomentosum. L. sp. 1106. Rive gauche de l'Arc, petit chemin du Tholonet, après le pont de la Fourchette. Juin.

H. hyssopifolium. Vill. Dauph. 3, p. 505. Sainte-Victoire au-dessus de Vauvenargues. Juin.

H. androsæmum. L. sp. 1102. Montaiguet, naturalisé près d'une habitation. Juin.

Acérinées.

ACER. L. gen. 1135. Erable.

A. pseudoplatanus. L. sp. 1435. Vulg. Faux-platane, Sycomore. Cultivé dans les jardins et sur les promenades. Juin.

A. monspessulanum. L. sp. 1497. Chauchardi sur les bords de la route vis-à-vis de Saint-Bonnet. Très abondant à Sainte-Victoire dans le vallon du Chasseur. Avril, mai.

A. campestre. L. sp. 1497. *Agas*. Haies et chemins couverts, la Torse, bords de l'Arc. Avril, mai.

A. platanoides. L. sp. 1496. Saint-Canadet, au pied du versant Est de la Trevaresse. Mai.

Ampélidées.

Vitis. L. gen. 284. Vigne.

V. vinifera. L. sp. 293. *Lambrusco*. Cultivé et parfois spontanée. J'en ai trouvé un pied à Sainte-Victoire, dans le vallon de là Baume, loin de tout champ cultivé. Jnillet, août.

Hippocastanées.

Æsculus. L. gen. 462. Marronnier.

Æ. hippocastanum. *Marounié* L. sp. 488. Cultivé. Mai.

Pavia. Boerh. lugd. tab. 260.

P. rubra. *Marounié rouge*. Lam. ill. tab. 273. Cultivée.

P. flava. Dc. Prodr. 1, p. 598. Cultivée.

Méliacées.

Melia. L. gen. 576. Mélia.

M. azedarach. L. sp. 550. Vulg. Arbre-saint, Arbre à chapelet, lilas des Indes. Cultivé. Mai, juin.

Oxalidées.

OXALIS. L. gen. 582. Oxalide.

O. corniculata. L. sp. 623. *Aigretto fero, Pan de Couguieou.* Jardin de Calissanne, fossé avant le pont de Béraud. Mai.

Zygophyllées.

TRIBULUS. L. gen. 532. Tribule.

T. terrestris. L. sp. 554. Vulg. Croix-de-Malte. *Trauco-Peiro.* Champs sablonneux, rive gauche de l'Arc vis-à-vis des Infirmeries, Cuques, chemin du Cours Sainte-Anne. Juin.

Rutacées.

RUTA. L. gen. 523. Rue, *Rudo.*

R. montana. Clus. hist. 2, p. 136. Coteaux secs et pierreux, Cuques. Juin, juillet.

R. angustifolia. Pers. syn. 1, p. 464. Même habitation, même époque que le précédent.

R. bracteosa. Dc. prodr. 1, p. 710. Près de la campagne de M. Dombre au quartier de Bouenouro. Mai.

Coriariées.

CORIARIA. Niss. acta par 1711, tab. 12. Coriaire.

C. myrtifolia. L. sp. 1467. Vulg. Corroyère, Redoux. *Nertas.* Sur les bords du Réaltor. Mai, juin.

SECONDE CLASSE : CALYCIFLORES

Célastrinées.

EVONYMUS. Tournef. Inst. tab. 388. Fusain.

E. europæus. L. sp. 286. Vulg. Bonnet de prêtre, Bois carré. *Bounet de Capelan*. Les haies, vallon du Laurier, Montaiguet, au couchant du vallon du Coq. Mai.

Ilicinées.

ILEX. L. gen. 172. Houx.

I. aquifolium. L. gen. 181. *Agarrus* ou *Garrus de la Santo-Baoumo*. Montaiguet, à la Croix-de-Malte, Trévaresse versant Nord. Mai, juin. Nous en avons vu un dans le vallon du *Baou-Trouca*, versant Nord de Sainte-Victoire, de 7 ou 8 mètres de hauteur, dont le tronc avait 95 centimètres de circonférence.

Rhamnées.

ZIZIPHUS. Tournef. Inst. tab. 403. Jujubier.

Z. vulgaris. Lam. Dict. 3, p. 316. *Chichourlié*. Cultivé. Juin, août.

PALIURUS. Tournef. Inst. tabl. 587. Paliure.

P. australis. Rœm. et Schult. Vulg. Epine du Christ, Porte-Chapeau. *Arnaveou*. Traverse de Saint-Pierre, près de la Torse ; rive gauche de l'Arc, près du pont des Trois-Sautets. Mai, juin.

RHAMNUS. L. gen. 265. Nerprun.

R. cathartica. L. sp. 279. Vulg. Bourgepine. Montaiguet, vallon du Grivoton. Avril.

R. infectoria. L. Mant. 49. Vulg. Graine d'Avignon.
Graneto. Dans les haies, chemin du Défens, de Meyreuil,
bords de l'Arc près du Tir, Sainte-Victoire. Mai.

R. alaternus. L. sp. 281. Vulg. Alaterne. *Falagno*.
Coteaux secs et haies, bords des chemins. Mars.

Térébinthacées.

PISTACIA. L. gen. 1108. Pistachier.

P. lentiscus. L. sp. 1455. Vulg. Lentisque. Tholonet,
au couchant de l'église de Saint-Joseph. Abonde surtout
au vallon du Laurier. Avril.

P. terebinthus. L. 1455. Vulg. Térébinthe, Pistachier
sauvage. *Pétélin*. Commun au vallon du Laurier et sur
tous les coteaux arides. Avril, mai.

P. vera. L. sp. 1454. Vulg. Pistachier du Levant.
Cultivé. Mai.

RHUS. L. gen. 369. Sumac.

R. coriaria. L. sp. 379. *Fauvi*. Coteaux arides dans
tous les quartiers, abonde surtout au versant Ouest de la
colline des Pauvres. Juillet.

R. cotinus. L. sp. 383. Vulg. Fustet, Arbre à perru-
que. *Rous*. Versant Nord et crête de la Trevaresse, Montaiguet derrière la campagne Alaric, près d'un petit barrage. Mai.

Papilionacées.

ANAGYRIS. Tournef. Inst. tab. 415. Anagyris.

A. fœtida. L. sp. 534. Vulg. Bois-puant. Acclimaté

prés de deux campagnes au quartier de Saint-André. Février, mars.

Ulex. L. gen. 881. Ajonc.

U. parviflorus. Pourret. Vulg. Genêt épineux. *Argeiras*. Coteaux marneux, Montaiguet, Cuques. Fleurit tout l'hiver.

Spartium. L. gen. 858. Spartium.

S. junceum. L. sp. 995. Vulg. Genêt d'Espagne. *Genesto*. Commun sur les coteaux marneux, surtout à l'exposition du Midi et du Levant. Mai, juin.

Genista. L. gen. 859. Genêt.

G. pilosa. L. sp. 999. Coteaux secs. Montaiguet, la Keirié. Avril, mai.

G. tinctoria. L. sp. 998. Les près, bords de l'Arc. Juin.

G. cinerea. Dc. fl. fr. 4, p. 494. *Genesto*. Ancien chemin de Rognes, peu au-dessus de Ganay ; Saint-Canadet. Mai.

G. aspalathoides. Lam. dict. 2, p. 620. 6. confertior. Moris. Rive gauche de l'Arc, en amont de la passerelle du Tir sur les rochers ; et Montaiguet avant la Simone. Abonde à Sainte-Victoire vers le monastère. Mai, juin.

G. scorpius. Dc. fl. fr. 4, p. 498. *Genesto espinouso*. Bords du chemin de Saint-Canadet, vers la crête de la Trevaresse et la partie Est du versant Nord. Avril, mai.

G. hyspanica. L. sp. 999. Coteaux secs, Cuques, Mauret, Montaiguet. Avril.

Cytisus. Dc. fl. fr. 4, p. 501. Cytise.

C. sessilifolius. L. sp. 1041. Vulg. Cytise à feuilles de Trèfle. Vallons frais, Mauret, quartier du pont de Béraud au Nord de la colline. Avril.

ARGYROLOBIUM. Eckl. et Zey. Enum. 184. Argyrolobe.

A. linneanum. Walpers, linnea t. 13, p. 508. Commun sur tous les coteaux, colline des Pauvres, Cuques. Avril, mai.

ONONIS. L. gen. 863. Bugrane.

O. natrix. L. sp. 1008. 6. condensata. Gr. et Godr. *Agalous.* Terrains sablonneux, bords de l'Arc. Mai, juin.

O. viscosa. L. sp. 1009. Indiqué par Garidel au Prégnon, non retrouvé par nous. Mai, juin.

O. reclinata. L. sp. 1011. Vallon du Cascaveou, dans les chênes-kermès; vallon des Gardes; Repentance, au couchant de la campagne de M. le Docteur Gouyet. Mai, juin.

O. campestris. Koch et Ziz. Vulg. Arrête-bœuf. *Argalousso, agavoun.* Bords des champs et des chemins. Juin-août.

O. columnæ. All. ped. 1, 348. Indiqué par Castagne du Tholonet à Sainte-Victoire, récolté par nous dans une fosse d'extraction près de la gare des Milles. Juin.

O. minutissima. L. sp. 1007. Lieux secs et pierreux, vallon de Barret, Cuques. Juin, juillet.

ANTHYLLIS. L. gen. 864. Anthyllide.

A. montana. L. sp. 1012. Sainte-Victoire, vers le monastère. Mai, juin.

A. vulneraria. L. sp. 1012.

α. vulgaris (Anth. rustica. Mill.). Sainte-Victoire et dans le voisinage de la tour de la Keirié.

6. rubriflora. Dc. Prodr. Commun au Prégnon et à Repentance. Mai, juin.

A. tetraphylla. L. sp. 1011. Vallon du Peyreguier vers le haut, vallon des Gardes au couchant. Avril.

MEDICAGO. L. gen. 899. Luzerne.

M. lupulina. L. sp. 1097. *Lente*. Les rives et les champs. Mai, juin.

M. falcata. L. sp. 1096. Champs et bords des chemins. Juin, juillet.

M. falcato-sativa. Rchb. *Lente* comme la précédente.

M. sativa. L. sp. 1096. Vulg. Luzerne. Cultivée et souvent spontanée de graines éparses. Eté.

M. orbicularis. All. ped. 1, p. 314. *Erbo de la rodo.* Champs et bords des chemins. Mai, juin.

M. coronata. Lam. dict. 3, p. 634. Peyreguier, et parfois dans les champs cultivés. Mai.

M. polycarpa. Willd. v. denticulata. Les champs et les rives. Avril, mai.

M. maculata. Willd. Les rives et les champs, bords de l'Arc. Avril, mai.

M. minima. Lam. dict. 3, p. 636. Bords des chemins, lieux pierreux où elle forme des pelouses. Mai, juin.

M. Gerardi. Wild. Bords des chemins et lieux cultivés. Mai.

· M. cinerescens. Jord. Rives exposées au midi, petit chemin de la Pinette. Avril.

M. depressa. Jord. Les champs, coteaux au-dessus de Saint-André. Avril, mai.

M. tribuloides. Lam. dict. 3, p. 635. Rives et coteaux; sentier conduisant à Saint-André près de la campagne de M. de Falbere. Mai.

M. murex. Willd. sp. 3, p. 1410. Quartier de Saint-André. Mai.

TRIGONELLA. L. gen. 898. Trigonelle.

T. gladiata. Stev. Lieux secs et pierreux, vallon du midi du Prégnon, Cuques, moulin Destesta. Mai.

T. monspeliaca. L. sp. 1095. Cuques; enclos de M. Borel; Repentance, bords des sentiers. Mai.

MELITOTUS. Tournef. inst. 406. Mélilot.

M. cœrulea. Lam. Rive de la Touloubre, près du chemin de Saint-Canadet, à un kilomètre environ de la gare de Venelle. Juillet.

M. sulcata. Def. Atl. 2, p. 193. Les moissons, les rives, Cuques, chemin de Vauvenargues, après la Pinette. Mai, juin.

M. italica. Lam. dict. Indiqué par Castagne à Puyricard.

M. parviflora. Desf. All. 2, p. 192. Chemins autour de ville, sur l'aire vis-à-vis de la Maison-Rouge. Juin.

M. officinalis. Lam. dict. 4, p. 63. Vulg. Mélilot. Champs, lieux sablonneux, bords de l'Arc. Juin.

M. alba. Lam. dict. 4, p. 63. Même habitat., même époque que le précédent.

M. macrorhiza. Pers. syn. 2, p. 348. Quartier de Saint-Mitre, sur les bords du canal ; Cuques, bords du canal, près de la campagne de M. Jourdan. Eté.

TRIFOLIUM. Lin. gen. 896. Trèfle.

T. stellatum. L. sp. 1083. Lieux secs, butte des Trois-Moulins, bords des chemins dans les pelouses. Mai.

T. angustifolium. L. sp. 1083. Commun sur les bords des chemins, vallon de Brunet, petit chemin du Tholonet. Juin.

T. incarnatum. L. sp. 1083. Ça et là sur les bords du canal du Verdon qui l'a amené dans le territoire d'Aix. Juin.

T. purpureum. Lois. Gall. 2, 125. Séchoir d'un lavage de laine. Juin. Avec le T. cherleri.

T. pratense. L. sp. 1082. Vulg. Triolet. *Trioule.* Les prés. Eté.

T. ochroleucum. L. syst. 3, p. 233. Sainte-Victoire entre Vauvenargues et le Bec-de-l'Aigle ; rive droite de la Luyne, entre la route et le hameau des Milles, en face du Petit-Saint-Jean. Juin.

T. lappaceum. L. sp. 1082. Vallon de Bouonouro, coteau est ; Saint-André, petit chemin du Tholonet, près du pont des Chandelles. Mai, juin.

T. supinum. Savi. Dc. prodr. 2, p. 192. Trouvé une seule fois sur la rive d'un champ près de la Pioline, où il ne s'est pas maintenu. Septembre.

T. arvense. L. sp. 1083. Vallon des Gardes ; Mauret, dans le lit de la Cause. Juin.

T. scabrum. L. sp. 1084. Lieux secs et pierreux, petit chemin du Tholonet. Moulin Destesta. Juin.

T. fragiferum. L. sp. 1086. Bords gazonnés des chemins, des ruisseaux. Juillet, août.

T. resupinatum. L. sp. 1086. Bords de la route d'Avignon avant Celoni, lit de la Touloubre vers Puyricard. Juin.

T. tomentosum. L. sp. 1086. Indiqué par Gr. et Godr. comme croissant à Aix, mais nous ne l'avons trouvé que dans un séchoir à laines. Mai.

T. repens. L. sp. 1080. Prairies et pelouses fraîches. Eté.

T. agrarium. L. 1087. Champs et lieux ombragés. Abonde à la prise de la Pioline. Avril, mai.

DORYCNOPSIS. Boiss. Voy. Esp. 163. Dorycnopsis.

D. Gerardi. Boiss. ibid. Indiqué à Aix par Castagne

DORYCNIUM. Tournef. inst. 394. Dorycnie.

D. suffruticosum. Vill. Dauph. 3, p. 416. *Badasso, Blanqueto.* Très abondant sur les coteaux et sur les berges. Cuques. Eté.

D. herbaceum. Vill. Dauph. Sables de l'Arc. Juin.

D. decumbens. Obs. pl. fr. 3e frag. p. 60. Prairies de la Durance, vers le pont de Pertuis. Mai.

D. gracile. Jord. Bords de l'Arc, vers les Moulins-Forts. Mai.

TETRAGONOLOBUS. Scop. carm. 2, p. 87. Tétragonolobe.

T. siliquosus. Roth. Prés humides, cours d'eau et surtout bords de l'Arc. Mai, juin.

LOTUS. L. gen. 879. Lotier.

L. rectus. L. sp. 1092. Commun sur les bords de l'Arc. Mai, juin.

L. hirsutus. L. sp. 1094. Lotier hémorroïdal. Commun sur les coteaux et les rives du quartier de Saint-André et à Montplaisir. Avril.

L. hispidus. Desf. Coteaux argileux, revers de la Trevaresse. Juin.

L. decumbens. Poir, dict. Bords de l'Arc vers les Milles; petit chemin du Tholonet au pont de la Fourchette. Juin.

L. corniculatus. L. sp. 1092. *Jauneto.* Prairies du Prégnon, et abondant sur les bords de l'Arc. Mai-Octobre.

L. symetricus. Jord. Bois de Saint-Marc, Sainte-Victoire. Colline des Pauvres et lieux arides des environs. Mai, juin.

L. tenuis. Kit in Wild. Prairies humides et bords de l'Arc. Mai, juin.

L. uliginosus. Schkur. Bords de l'Arc. Juillet.

ASTRAGALUS. L. gen. 892. Astragale.

A. stella. Gouan, ill. 50. Plateau au nord-ouest de la tour de la Keirié, sur le sentier conduisant au vallon du Laurier. Mai.

A. sesameus. L. sp. 1068. Lieux secs et pierreux, Trois-Moulins, près du moulin Destesta. Avril, mai.

A. hamosus. L. sp. 1067. Bords des chemins, champs arides, Cuques. Avril, mai.

A. cicer. L. sp. 1067. Indiqué à Aix par Castagne.

A. purpureus. Lam. dict. 1, p. 314. Sainte-Victoire; domaine de Cabanne vers le sommet de la Trévaresse, Roquevafour à la droite du sentier de l'Ermitage. Mai.

A. onobrychis. L. sp. 1070. Vallon des Cailles (Montaiguet). Juin.

A. monspessulanus. L. sp. 1072. Bords de l'Arc, plaine des Milles. Avril, mai.

A. incanus. L. sp. 1072. Plateau au nord-ouest de la tour de la Keirié, Cuques, sur le premier plateau. Avril, mai.

COLUTEA. L. gen. 880. Baguenaudier.

C. arborescens. L. sp. 1045. Vallon de Mauret, vers le haut; coteau au midi du Prégnon. Mai.

ROBINIA. Dc. prodr. 2, p. 261. Robinier. *Acacia.*

R. pseudo-acacia. L. sp. 1043. Vulg. Acacia. Cultivé dans les jardins et sur les chemins. Mai.

GALEGA. Tournef. inst. t. 222. Galéga.

G. officinalis. L. sp. 1062. Vulg. Lavanèse, Rue de Chèvre. Montée de Saint-Eutrope, sur les bords du canal. Juillet.

PSORALEA. L. gen. 894. Psoralier.

P. bituminosa. L. sp. 1075. Vulg. Trèfle puant. *Cabreireto*. Commun sur les coteaux et dans les endroits secs. Eté.

V. flore albo. *Collo dei Dedaou* et quartier de Fontauris, près de Ventabren. Eté.

PHASEOLUS. L. gen. 866. Haricot.

P. vulgaris. L. sp. 1016. *Faviou*. Cultivé et subspontané autour des habitations. Juillet, août.

DOLICHOS. Gartn. Dolique.

D. melanophthalmos. Dc. Vulg. Habine, Mongette, Bannette. *Ieu negre*. Cultivé et subspontané comme le précédent.

VICIA. L. gen. 873 (ex parte). Vesce.

V. sativa. L. sp. 1037. Vulg. Pesotte. *Pesoto, Bello Viando, Garousso*. On en cultive deux variétés sous le nom de Pesotte blanche et de Pesotte noire. Elle croît spontanément sur les rives et dans les moissons, et ses graines sont souvent mêlées au blé. Mai.

V. angustifolia. Roth. Les moissons et les coteaux. Mai.

V. amphicarpa. Dorth. Versant sud de la colline à l'ouest du Prégnon, plateau au levant du *Cascaveou*. Terre cultivée au vallon de Brunet. Mai.

V. peregrina. L. sp. 1038. Les champs arides, les moissons, sur les berges. Mai, juin.

V. lutea. L. sp. 1037. Berges, lieux incultes, vallon de Brunet, rive gauche de l'Arc un peu en amont du viaduc. Juin.

V. hybrida. L. sp. 1039. Berges et coteaux. Mai.

V. faba. L. sp. 1039 Vulg. Fève. *Favo*. Cultivée et subspontanée. Mai.

La variété appelée *Faveto* en provençal est plus petite

dans toutes ses parties et n'est cultivée que pour les bestiaux. Mai.

V. narbonensis. L. sp. 1038. Vallons de Mauret et de Barret, quartier de Fontlèbre. Avril, mai. ·

La variété aux stipules dentées s'appelle en provençal *Diabloun* et croît dans les moissons. Avril, mai.

Cracca. Riv. tetrap. Irr. 49. Cracca.

C. major. Franken, specul. p. 11. Bords des prés, Moulin-Fort, infirmeries, vallon du Pont-Rout. Juin, juillet.

C. Gerardi. Godr. et Gr. fl. fr. 1, 469. Vallon de Barret, coteau au couchant du Prégnon près de la campagne Frankou. Mai.

C. atropurpurea. Godr. et Gr. Montée du pont de l'Arc, Roquefavour près de la gare, champ des manœuvres au levant. Mai, juin.

C. minor. Riv. Indiquée à Aix par Castagne.

Ervum. L. gen. 874. Ers.

E. tetraspermum. L. sp. 1039. Roquefavour. Mai, juin.

E. gracile. Dc. hort. monsp. Lieux humides et herbeux ; petit chemin du Tholonet près du pont de la Fourchette. Mai.

Ervilia. Link enum. hort. Ervilie.

E. sativa. Link. Vulg. Ers, Alliez. *Erre*. Cultivé et répandu dans les champs et les moissons. Mai.

Lens. Tournef. inst. t. 210. Lentille.

L. esculenta. Mœnch. Méth. p. 131. Vulg. Lentille. *Lentiho*. Cultivée, elle croît souvent de graines éparses. Mai.

L. nigricans. Godr. et Gr. 1, 476. Vallon au midi du Prégnon. Mai.

CICER. Gen. 1189. Ciche.

C. arietinum. L. sp. 1040. Vulg. Pois chiche. *Cèse.* Cultivé et subspontané. Mai, juin.

PISUM. L. gen. 870. Pois.

P. sativum. L. sp. 1026. Vulg. Petit Pois, *Pese.* On en cultive deux variétés; l'une sous le nom de Petit Pois; l'autre sous le nom de Pois gourmand, Poids mange-tout, Pois sans parchemin. Il croît souvent de graines éparses. Mai, juin.

La variéte, à la tige naine et non grimpante, se trouve souvent mélée au précédent.

P. arvense. L. sp. 1027. Vulg. Pisaille, Pois de pigeon, P.is carré. Cultivé comme fourrage. Mai.

LATHYRUS. L. gen. 872. Gesse.

L. climenum. L. sp. 1032. Sur une hauteur à gauche de la montée du pont de l'Arc. Mai.

L. aphaca. L. sp. 1029. Vulg. Pois de serpent. *Amarun.* Commun dans les moissons. Mai, juin.

L. nissolia. L. sp. 1029. Indiqué à Aix par Castagne.

L. cicera. L. sp. 1030. *Garouto, Jeisseto.* Cultivé. Croît aussi dans les moissons et autres lieux, Cuques. Mai, juin.

L. sativus. L. sp. 1030. Vulg. Gesse à large, Gousse, Pois de brebis. *Jaisso.* Cultivé. Croît aussi spontanément. Juin.

L. annuus. L. sp. 1032. Ça et là dans les lieux frais. Torse, vallon de Brunet, Bouohouro. Mai.

L. odoratus. L. sp. 1030. Vulg. Pois de senteur, Pois musqué. *Pése de sentour.* Les deux variétés sont cultivées; la variété violette seulement a été trouvée. Spontanée au Tholonet, près de la chapelle de Saint-Joseph et à Saint-Donat. Mai.

L. latifolius. L. sp. 1033. Vulg. Grande-Gesse, Pois de Chine, Pois vivace, Pois à bouquets. *Grando Jaisso*. Les haies et les broussailles dans les endroits humides, bords de l'Arc, vallon de Valcros. Juin.

La V. à feuilles plus étroites se trouve dans les mêmes localités.

L. tuberosus. L. sp. 1033. Vulg. Gland de terre, Macuson. Anette. *Pèse rouge*. Bords de la Touloubre vers la Calade, Tholonet, bords de la grande prairie. Juillet.

L. pratensis. L. sp. 1033. *Jaisso de Prat*. Le Prégnon, bords de l'eau près des Moulins-Forts. Mai, juin.

L. canescens. Godr. et Gr. Coteau à droite de la route de Vauvenargues vers le vallon des Masques. Mai.

L. sphæricus. Retz. Trouvé une seule fois à Brunet, commun à Roquefavour sur le plateau de la montagne, à gauche et en aval du viaduc.

L. inconspicuus. L. sp. 1030. Dans un champ cultivé du quartier de Saint-André, sur le petit chemin du Tholonet. Mai.

L. setifolius. L. sp. 1031. Lieux secs et pierreux, vallons de Mauret et des Gardes. Mai, juin.

6. amphicarpos. Gr. et Godr. 1, 491. Variété trouvée au vallon de Barret.

L. ciliatus. Guss. Coteaux arides. Midi du Prégnon. Mai.

SCORPIURUS. L. gen. 876. Scorpiure.

S. subvillosa. L. sp. 1030. *Erbo dé la Cabro*. Commun sur les berges et dans les endroits secs, petit chemin du Tholonet. Juin.

CORONILLA. Neck. élém. n° 1319. Coronille.

C. emerus. L. sp. 1046. Vulg. Séné batard, Faux Baguenaudier, Sécuridaca des jardiniers. A droite de la route de Vauvenargues, avant le Prégnon, et surtout vis-à-vis de Collongue, dans le fer à cheval de Bus. Mai.

C. glauca. L. sp. 1047. Montaiguet, naturalisée dans le voisinage des habitations. Végète péniblement sur les rampes qui touchent le pont-aqueduc de Roquefavour. Mai.

C. minima. L. sp. 1048. A. Genuina. Gr. et Godr. Bords de l'Arc, rive gauche avant la Simone. Mai.

6. australis. Gr. et Godr. Montaiguet, sur les pentes arides et dans les fissures des rochers. Mai, juin.

C. juncea. L. sp. 1047. Montaiguet, vallon des Anges, et surtout au vallon du Chicalon à droite en entrant. Mai.

C. varia. L. sp. 1048. *Fauciho.* Bords de l'Arc, chemin de Banon, quartier de Fontlèbre. Mai.

C. scorpioides. Koch. Vulg. Pied d'oiseau. *Amarun.* Les moissons, les champs. Avril, mai.

HIPPOCREPIS. L. gen. 855. Hippocrépide.

H. comosa. L. sp. 1050. Vulg. Fer à cheval. Repentance, dans un champ en face du domaine de M. Trouche. Mai, juin.

H. glauca. Tenore fl. nap. 2, p. 165. Lieux ombragés et bords de l'Arc.

H. ciliata. Wild. Vulg. Fer à cheval. Lieux secs et pierreux, Cuques. Avril, mai.

H. unisiliquosa. L. sp. 1049. Vulg. Fer à cheval. *Sèt-Arpo.* Champs, bords des chemins et trous des murs. Avril, mai.

HEDYSARUM. L. gen. 887. Sainfoin.

H. humile. L. sp. 1050. Indiqué à Aix par Castagne au vallon de Barret. Mai.

ONOBRYCHIS. Tournef. inst. tabl. 211. Esparcette.

O. sativa. Lam. fl. fr. 2, p. 652. Vulg. Sainfoin, Esparcette. *Esparcet.* Cultivé et subspontané. Mai, juin.

O. supina. Dc. fl. fr. 4, 612. Sainte-Victoire en dessous du Bec-de-l'Aigle, dans le bois de Saint-Marc. Juin.

O. saxatilis. All. ped. 1, 323.. Très abondant dans les terrains secs et incultes, Mauret le Prégnon, vallon du Laurier. Mai.

O. caput-galli. Lam. fl. fr. 2, 651. Lieux secs et pierreux, bords du chemin de Vauvenargues près des Trois-Bons-Dieux, Repentance. Mai.

Césalpinées.

CERCIS. L. gen. 510. Gainier.

C. siliquastrum. L. sp. 534. Vulg. Arbre de Judée, Arbre de Judas. Cultivé, spontané sur la rive droite de l'Arc entre les infirmeries et la passerelle du Tir. Avril, mai.

GLEDITSCHIA. L. sp. 1509. Fevier.

G. triacanthos. L. ibid. Vulg. Carouge à miel, Fevier d'Amérique. Cultivé. Vallon de Saint-Mitre et bords de l'Arc. Mai.

Amygdalées.

AMYGDALUS. L. gen. 619. Amandier.

A. communis. L. sp. 677. Vulg. Amandier. *Amendié.* Cultivé avec ses variétés et subspontané. Février, mars.

A. persica. L. sp. 676. Vulg. Pêcher. *Pécéguié.* Cultivé. Avril.

PRUNUS. L. gen. 620. Prunier.

P. armeniaca. L. sp. 679. Vulg. Abricotier. *Abricoutié.* Cultivé. Avril.

P. domestica. L. sp. 680. Vulg. Prunier. *Prunièro*. Cultivé avec ses variétés. Avril, mai.

P. insititia. L. sp. 680. Fontlèbre, vallon de la Mure. Avril.

P. spinosa. L. sp. 681. Vulg. Prunelier et le fruit Prunelle. *Agranas*. Forme des haies. Mars.

P. avium. L. sp. 680. Vulg. Mérisier. Lieux frais et ombragés. La Torse, le Malvallat, vallon du Pont-Rout. Sa drupe (Mérise) fournit par la fermentation et la distillation, le Ratafia et le Kirsch-Wasser.

P. cerasus. L. sp. 679. Vulg. Griottier. *Agrioutié*. Cultivé et subspontané au Montaiguet. Avril.

P. mahaleb. L. sp. 678. Vulg. Arbre de Sainte-Lucie. Sainte-Victoire, vallon du Bec-de-l'Aigle. Mai.

Rosacées.

SPIRÆA. L. gen. 630. Spirée.

S. filipendula. L. sp. 702. Vulg. Filipendule. Sainte-Victoire, Saint-Hilaire, Repentance, sentier ombragé au quartier de *Saouto-Lèbre*. Mai.

GEUM. L. gen. n. 636. Benoite.

G. urbanum. L. sp. 716. *Erbo bénido*. Lieux ombragés, la Torse, chemin des Pinchinats. Mai.

ç. sylvaticum. Pourr. Sainte-Victoire, versant nord, au haut de tous les vallons. Juin.

POTENTILLA. L. gen. 634. Potentille.

P. subacaulis. L. sp. 715. Sainte-Victoire, vers le monastère. Mai, juin.

P. cinerea. Chaix in vill. Dauph. Montaiguet, au vallon

de la Guiramande, et plus abondamment au vallon de *Mangeo-Gari*, vers Valabre. Mai.

P. opaca. L. sp. 713. Vulg. Quinte-feuille. Terrains secs et pierreux, colline des Pauvres. Avrif, mai.

P. verna. L. sp. 714. Vulg. Quinte-feuille. Même habitat, même époque que la précédente.

P. reptans. L. sp. 714. Vulg. Quinte.feuille. *Frago, Patto dé loup.* Bords des prés et des cours d'eau. Avril, mai.

P. reçta. L. sp. 711. Lieux incultes et berges, Cuques, vallon de Brunet. Mai, juin.

P. hirta. L. sp. 712. Même époque, même habitat, que le précédent.

FRAGARIA. L. gen. 633. Fraisier.

F. vesca. L. sp. 709. Vulg. Fraise de table. *Frezié.* Sainte-Victoire, vallon du Chasseur, Montaiguet vers le haut du vallon du Grivoton. Mai.

RUBUS. L. gen. 632. Ronce.

R. cœsius. L. fl. Suec. ed. 2, p. 172. *Pétavin.* Bords des champs, lieux incultes, Cuques. Mai.

γ. agrestis. Weih et Nées. Fontlèbre, Montaiguet vers la Simone. Mai.

R. tomentosus. Borckh. in Rœmer. Endroits pierrevx et principalement au vallon de Barret. Mai, juin.

R. discolor. Weih et Nées. Vulg. Ronce. *Aroumi, Roumias.* Haies et lieux incultes. Juin, juillet.

Rosá. L. gen. 631. Rosier.

R. pimpinellifolia. Dc. Prod. 2, p. 608.

6. intermedia. Gr. et Godr. fl. fr. 1, p. 554. Sainte-Victoire au levant et près du monastère. Mai, juin.

γ. spinosissima. Sainte-Victoire, au-dessus de Guérin.

R. sempervirens. L. sp. 704. Dans les haies, Torse. Juin.

R. canina. L. sp. 704. Vulg: Gratte-cul. *Gratto-queu, Agarancié.*

R. rubiginosa. L. mant. 564. Vers le haut de l'ancien chemin de Gardanne, près de Bompart. Rive gauche dé l'Arc, entre les infirmeries et la passerelle du Tir. Mai, juin.

6. sepium.. Cette variété est très commune et se trouve dans les haies et sur les berges de tout le territoire. Mai, juin.

AGRIMONIA. Tournef. inst. 155. Aigremoine.

A. eupatoria. L. sp. 643. *Grimoino, Sourbeireto.* Lieux couverts, bords des chemins, berges herbues. Juin.

POTERIUM. L. gen. 1069. Pimprenelle. *Pimpinello.*

P. dictyocarpum. Spach. Indiqué au Tholonet par Castagne.

P. muricatum. Spach. Bords des champs, Mauret. Juin-août.

P. Magnolii. Spach. Bords des champs, colline des Pauvres, Montaiguet.

Pomacées.

MESPILUS. L. gen. 625. Néflier.

M. germanica. L. sp. 684. *Nespié.* Indiqué par Castagne sur les bords de la Touloubre. Mai.

CRATÆGUS. L. gen. 622. Aubépine.

C. monogyma. Jacq. Vulg. Pommier de Paradis. *Poumo*

de Paradis. Poumeto. Forme des haies dans tout le territoire. Mai.

COTONEASTER. Dc. Prodr. 2, p. 632. Cotonéaster.

C. pyracantha. Spach. Vulg. Buisson ardent. Cultivé et spontané dans quelques rares localités ; rive gauche du petit chemin du Tholonet, avant le pont des Gardes, colline des Pauvres, vis-à-vis de la Croix de Malte. Mai.

C. vulgaris. Lindl. Sainte-Victoire, versant nord audessus du vallon de Nègre. Juillet.

C. tomentosa. Lindl. Près du monastère de Sainte-Victoire. Juin.

CYDONIA. Tournef. inst. 632. Cognassier.

C. vulgaris. Pers. syn. 2, p. 40. *Coudounié.* Cultivé et spontané dans plusieurs endroits, particulièrement au vallon de Saint-Mitre. Mai.

PYRUS. L. gen. 626. Poirier.

P. communis. L. sp. 686. *Perièro.* C'est le poirier cultivé partout et qui, d'après Rozier, Dict. d'Agriculture, compte 120 variétés.

P. amygdaliformis. Vill. cat. Strasb. 322. *Perussier.* Commun dans les endroits secs et aux bords des champs. Mai.

P. malus. L. sp. 686. Pommier cultive. Mai.

SORBUS. L. gen. 633. Sorbier.

S. domestica. L. sp. 684. Vulg. Cormier ou Sorbier. *Sourbier, Sourbiéro.* Commun au Montaiguet, quartier de la Pinette à mi-cote de la colline du pont de Béraud. Mai.

S. aria. Crantz.. Vulg. Alisier de Fontainebleau. *Ariguié.* Cotsaux exposés au nord, vers le bas du Chicalon au

Montaiguet, la Trévaresse, Sainte-Victoire. Mai.

AMELANCHIER. Médik. Amelanchier.

A. vulgaris. Mœnch. Meth. 682. *Amelanchié*. Coteaux exposés au nord, surtout au Montaiguet. Avril.

Granatées.

PUNICA. Tournef. inst. t. 401. Grenadier.

P. granatum. L. sp. 676. *Miougranié*. Cultivé et spontané dans les haies. Juin, juillet.

Onagrariées.

EPILOBIUM. L. gen. 471. Epilobe.

E. tetragonum. L. sp. 494. Bords des eaux, vallon des Gardes sous les rochers formant voute vers le haut, Bouonouro. Juin, juillet.

E. parviflorum. Schreb. Lieux humides, le Tholonet, bords de la Luyne. Juillet.

E. hirsutum. L. sp. 494. Les ruisseaux, Cuques, sur les bords du canal au levant. Septemb.e.

E. rosmarinifolium. Hænck. Colline des Pauvres dans une carrière de molasse marine abandonnée; Roquefavour à l'entrée du vallon de la Mérindole. Août, septembre.

ŒNOTHERA. L. gen. 469. Onagre.

OE. biennis. L. sp. 492. Prairies marécageuses des bords de la Durance, bords de l'Arc près des Infirmeries, Cuques, bords du canal au couchant. Août, septembre.

Callitrichinées.

Callitriche. L. gen. 13. Callitrique.

C. verna. Kutzing. *Estello d'aigo.* Dans une mare derrière le moulin à tourteaux de Fenouillère, Printemps et Automne.

Lythrariées.

Lythrum. L, gen. 604. Salicaire.

L. salicaria. L. sp. 640. Vulg. La Salicaire. *Cresto de Gau.* Bords des fossés, abondé sur les bords de l'Arc. Juillet, août.

L. hyssopifolia. L. sp. 642. Lieux humides, petit chemin du Tholonet après le pont des Gardes, bords de la route de Berre. Mai.

L. thymifolia. L. sp. 642. Bords du canal du Verdon entre les Logissons et Saint-Hippolyte. Août.

Tamariscinées.

Tamarix. Desv. Ann. Sc. Ser. 4, p. 348. Tamaris.

T, gallica. L. sp. 386. *Tamarisso.*

Myricaria. Desv. Myricaire.

M. germanica. Desv. Sables de la Durance vers le pont de Pertuis. Juin.

4

Myrtacées.

MYRTUS. Tournef. inst. t. 409. Myrte.

M. communis. L. sp. 673. *Nerto.* Limite sud du quartier de Bompart vers le haut du vallon de Millaud, en face de Gardanne. Mai.

Cucurbitacées.

BRYONIA. L. gen. 1095. Bryone.

B. dioica. Jacq. austr. *Briouino.* Haie du domaine de Fantaisie sur le petit chemin du Tholonet. Juillet.

ECBALLIUM. Rich. Dict. class. Ecballium.

E. elaterium. Rich. Vulg. Concombre sauvage. *Coucouroumasso.* Commun sur les bords des champs et dans les décombres. Juin, juillet.

Portulacées.

PORTULACA. Tournef. inst. 118. Pourpier.

P. oleracea. L. sp. 638. *Bourtoulaigo.* Cultivé et spontané surtout dans les décombres. Juillet, août.

Paronychiées.

POLYCARPON. Liefl. in L. gen. 105. Polycarpe.

P. tetraphyllum. L. fil. Suppl. 116. Rues isolées et cours pavées de la ville. Eté.

TÉLÉPHIUM. L. gen. 477. Télèphe.

T. imperati. L. sp. 388. Vauvenargues, au vallon des Masques. Juin.

PARONYCHIA. Tournef. inst. t. 288. Panarine.

P. argentea. Lam. fl. fr. 3, p. 230. *Panado.* Cuques, sur le premier plateau où se trouve la fosse d'extraction. Avril.

P. capitata. Lam. fl. fr. 3, p. 229. Coteaux secs, butte des Trois-Moulins. *Collo dei Dedaou.* Avril.

P. nivea. Dc. Dict. enc. 5, p. 25. Roquefavour vers la maison du garde. Avril.

HERNIARIA. Tournef. inst. t. 288. Herniaire.

H. glabra. L. sp. 317. Vulg. Herbe du Turc. *Blanqueto.* Les champs, les sables de l'Arc. Juin-septembre.

H. hirsuta. L. sp. 317. Vulg. Turquette. Bords des chemins. Juin-septembre.

H. incana. Lam. dict. 3, p. 124. *Blanqueto, Collo dei Dedaou* et sur le chemin qui y conduit vers le domaine de Mme Jannet. Juillet.

Crassulacées.

SEDUM. Dc. bull. ph. n° 49. Sedum.

S. cæspitosum. Dc. prodr. 3, p. 405. Lieux secs et pierreux. *Collo dei dedaou* au midi et non loin du pont des Trois-Sautets. Barre de Poudingue au sud-ouest du domaine de M. Avril, quartier du Défens. Juillet.

S. cruciatum. Pesf. Cat. 162. Sainte-Victoire sur une énorme pierre à la bouche du Garagay. Mai.

S. album. L. sp. 619. Vulg. Résinet, petite joubarbe,

orpin blanc, trique–madame. *Rasiné*. Lieux pierreux et parois des murs. Juin, juillet.

S. dasyphyllum. L. sp. 618. Vulg. Résinet. *Rasin de terro, Rasin de Toulisso*. Parois des murs et fentes des rochers, très abondant autour de la ville. Juin, juillet.

S. acre. L. sp. 619. A. genuinum. Godr. Vulg. Pain d'oiseau, Vermiculaire brûlante. *Rasin dou Diable*. Lieux secs et pierreux, couronnement des murs de soutènement, Cuques sur le premier plateau. Mai, juin.

6. sexangulare. Godr. Cette variété est plus commnne que le S. genuinum. Même habitation, même époque.

S. altissimum. Poir. enc. 4, p. 634. *Gros rasiné*. Les rives, les haies, les murs, Cuques. Juin, juillet.

S. anopetalum. Dc. fl. fr. 5, p. 526. Les rives, les haies. Juin–août.

SEMPERVIVUM. L. gen. 642. Joubarbe.

S. tectorum. L. sp. 624. Versant nord de Sainte-Victoire sur le sentier qui conduit de la croix au Garagay. Juillet, août.

S. montanum. L. sp. 665. Indiqué par Castagne à Sainte-Victoire.

UMBILICUS. De. Bull. phil. n° 49. Ombilic.

V. pendulinus. Dc. fl. fr. 4, p. 382. *Escudet, Coucoumaro*. Parois des murs, rochers omhragés, chemin des Boucheries, petit chemin du Tholonet. Mai.

Cactées.

CACTUS. L. gen. 643. Cierge.

C. opuntia. L. sp. 669. Vulg. Raquette. *Figo d'Antibo*. Cultivé et naturalisé au vallon du Laurier. Mai, juin.

Ficoïdées.

MESEMBRIAMTHEMUM. L. gen. 648. Ficoïde.

M. crystallinum. L. ap. 688. Vulg. Cristalline, Glaciale. Spontané dans les jardins, les Milles sur un sentier. Mai.

Grossulariées.

RIBES. L. gen. 284. Groseille.

R. uva crispa. L. sp. 292. Vulg. Groseiller à maquereau. *Grouseié.* Cultivé et spontané dans les haies, chemin des Pinchinats une centaine de mètres après la chapelle. Mars, avril.

Saxifragées.

SAXIFRAGA. L. gèn. 559. Saxifrage.

S. tridactylites. L. sp. 578. Vulg. Saxifrage des Murailles. Commune sur les rochers du Montaiguet, ainsi que sur les rives gazonnées. Mars, avril.

S. hypnoides. L. sp. 578. Sainte-Victoire versant nord vers le sommet. Avril, mai,

Ombellifères.

DAUCUS. L. gen. 333. Carotte.

D. carota, L. sp. 348. Vulg. Carotte. *Girouvo.* Cultivé ; elle croît spontanément partout. Tout l'été.

ORLAYA. Hoffm. umb. 1, p. 53. Orlaya.

O. grandiflora. Hoffm. ibid. Mauret, les Pinchinats, les champs et surtout dans les vignes. Juin, juillet.

O. platycarpos. Koch. umb. p. 79. *Gros grapoun.* Les champs, Saint-André, Cuques, Montaiguet.

TURGENIA. Hoffm. umb. 59. Turgénie.

T. latifolia. Hoffm. l. c. *Grapoun.* Les champs, petit chemin du Tholonet, Bouonouro. Mai, juin.

CAUCALIS. Hoffm. umb. 54. Caucalide.

C. daucoides. L. sp. 346. Vulg. Gratteron. *Pastenargo bastardo.* Commun dans les champs. Avril, mai.

C. leptophylla. L. sp. 347. *Grouyo.* Commun dans les champs. Mai, juin.

TORILIS. Hoffm. umb. 49. Torilis.

T. helvetica. Gruel. fl. bad. 1, p. 617. Commun dans les haies et dans les champs. Juillet, août.

α. divaricata. Dc. Prodr. } Ces deux variétés sont
6. anthriscoides. Dc. l. c. } communes et croissent à la
                            } même époque.

T. heterophylla. Guss. Prodr. 1, p. 326. Chemin de Vauvenargues après le château de Saint-Marc. Mai.

T. nodosa. Gœrtn. Commun sur toutes les rives. Juin, juillet.

BIFORA. Hoffm. umb. 191. Bifora.

B. testiculata. Dc. Prodr. 4, p. 249. Terre cultivée devant la campagne de Mitre Venture, au Tholonet. Mai.

B. radians. Bieb. Champ cultivé vers la gare de La Calade. Mai.

CORIANDRUM. L. gen. 356. Coriandre.

C. sativum. L. sp. 367. Cultivé et spontané dans les

champs, Roquefavour sur le chemin de l'Ermitage. Mai, juin.

THAPSIA. Tournef. inst. 321. Thapsie.

T. villosa. L. sp. 375. Montaiguet, au-dessus et un peu à l'est du vallon du Tir. Juin.

LASERPITIUM. L. gen. 344. Laser.

L. gallicum. L. sp. 357. Sainte-Victoire, Tholonet versant nord du grand Cabrier. Mai, juin.

L. siler. L. sp. 357. Sainte-Victoire. Juillet, août.

ANGELICA. L. gen. 347. Angélique.

A. sylvestris. L. sp. 361. *Cournacho.* Bords de la Durance à Meyrargues. Août.

PEUCEDANUM. Koch. umb. 92. Peucédane.

P. cervaria. Lapeyr. Lieux frais et ombragés, vallons de Mauret, du Pontrout. Mai.

PASTINACA. L. gen. 392. Panais.

D. sativa. L. sp. 376. Vulg. Panais, Pastenade, Pastenague. *Pastenargo, Girouyo.* Les prés, les haies. Juin, juillet.

P. urens. Requien in litt. Commun dans les lieux ombragés, la Torse, les Infirmeries, bords de l'Arc. Tout l'été.

TORDYLIUM. L. gen. 330. Tordyle.

T. maximum. L. sp. 345. Commun dans les lieux frais, les haies, les buissons, la Torse. Mai, juin.

SILAÜS. Besser in Rœm. et Schult. Silaüs.

S. pratensis. Rœm. et Schult. *Angelico.* Les prés, bords de l'Arc. Août, septembre.

SESELI. L. gen. 360. Séséli.

S. tortuosum. L. sp. 373. La variété blanche et la violette abondent sur les rives et dans les terrains secs. Tout l'automne.

S. elatum. L. sp. 375. Très abondant à Cuques sur le premier plateau et dans la fosse d'extraction. Juin-septembre.

S. montanum. L. sp. 372. Sainte-Victoire. Fin septembre.

Fœniculum. Hoffm. umb. p. 120. Fenouil.

F. vulgare. Gœrtn. *Fénoun*. Rives et coteaux, surtout aux expositions du midi. Juin, juillet.

Ridolphia. Moris hort tour. Ridolphie.

R. segetum. Moris ibid. Dans une terre cultivée au quartier du Défens, Infirmeries, Montaiguet, vallon de la Mure en haut et dans un champ cultivé. Cette plante se trouve à Aix depuis plus de vingt ans, et peut être considérée comme naturalisée. Mai, juin.

OEnanthe. L. gen. 352. OEnanthe.

OE. pimpinelloides. L. sp. 465. Le Tholonet, d'après Castagne.

OE. Lachenalii. Gmel. Prairies de la Durance, vers le pont de Pertuis, bords de l'Arc à Fenouillère.

OE. peucedanifolia. Poll. palat. 1, p. 289. Trouvé un exemplaire unique à Cuques au couchant, et fleuri en décembre.

Buplevrum. Lin. gen. 328. Buplèvre.

B. rotundifolium. L. sp. 340. Vulg. Perce-pierre. *Erbo coupiero*. Les Milles, dans les moissons sur les bords de l'Arc, au quartier de Beauval. Mai.

B. protractum. Sink. fl. port. Vulg. Perce-feuille. *Erbo coupiero*. Vallon de Bouonouro, derrière la campagne de M. Tassy. Juin.

B. junceum. L. sp. 342. Vallon de Bouonouro. Mars.

B. Gerardi. Jacq. Austr. 3. t. 256. Commun dans les cultures. Quartier de Bouonouro. Mai, juin.

B. affine. Sadler. Vallon du Laurier. Avril, mai.

B. tenuissimum. L. sp. 343. Montée des Capucins, la Pioline. Juin.

B. glaucum. Rob. et Castagne. Aire vis-à-vis de la campagne de M. Bédarride, Cuques sur le deuxième plateau près du poste. Mai, juin.

B. aristatum. Bartling. Coteaux secs et pierreux, colline des Pauvres à l'ouest. Mai, juin.

B. rigidum. L. sp. 342. Terrain inculte au couchant de la *Collo dei Dedaou* et vallon au-dessous. Garidel a indiqué cet Habitat comme étant à droite du chemin de Malouesso. Juillet.

B. fruticosum. L. sp. 343. *Auriho de lebre.* Cultivé dans les jardins, spontané à la Croix de Malte ; plus sûrement au vallon de Millaud, où il forme une grande haie. Mai.

Berula. Koch. deutsch. fl. 2, p. 433. Bérule.

B. angustifolia. Koch. l. c. Bords de la Touloubre. Juin.

PIMPINELLA. L. gen. 366. Boucage.

P. saxifraga. L. sp. 378. Rive inculte près du hameau de Klaps. Mai.

P. tragium. Vill, Dauph. 2, p. 605. Abonde à Sainte-Victoire vers le monastère. Juin, juillet.

BUNIUM. L. gen. 332. Bunium.

B. bulbocastanum. L. sp. 349. Vulg. Terre-Noix, Moinson, Suron. *Pissagou.* Sainte-Victoire, plaine des Milles. Juin, juillet.

AMMI. Tournef. inst. 304. Ammi.

A. majus. L. sp. 349. *Api fer*. Commun dans les champs et surtout dans les vignes. Juillet, août.

A. visnaga. Lam. Dict. Champs et rives au midi du moulin de la Pioline. Juillet-septembre.

Sison. Lagasc. Amon. nat. 2, p. 103. Berle.

S. amomum. L. sp. 362. Parc de Vauvenargues. Juillet.

Falcaria. Riv. pentap. n° 48. Falcaire.

F. Rivini. Host, Aust. 1, p. 381. Champs et berges, Fenouillère. Mai.

Ptychotis. Koch. Umb. 124. Ptychotis.

P. heterophylla. Koch. l. c. Très abondant sur les coteaux et les berges du Montaiguet. Juillet. Novembre.

Helosciadium. Koch. Umb. p. 125. Helosciadie.

H. nodiflorum. Koch. umb. p. 126. Vulg* Berle. *Berlo*. Commun dans les ruisseaux de la Torse, aux Infirmeries. Mai. Août.

Trinia. Hoffm. semb. 92. Trinée.

T. vulgaris, Dc. Prodr. L. p. 103. Coteaux secs, collines des Pauvres, Montaiguet. Juin, Août.

Petroselinum. Hoffm. umb. Persil.

P. sativum. Hoffm. Vulg* Persil. *Bueneis erbo, juver, jiver*. Cultivé et parfois spontané dans les lieux humides. Juin, Juillet.

Apium. Hoffm. umb. 1, 78. Ache.

A. graveolens. L. sp. 379. Vulg* Céléri. *Api*. Lieux humides. La Torse, les Infirmeries.

Scandix. Gœrtn. fruct. 2, p. 33. Scandix.

S. pecten — Veneris. L. sp. 368. Vulg* Aiguille de berger. *Aguyoun*. Très commun partout. Mars, Juin.

S. australis. L: sp. 369. Abonde dans un vallon au Nord de la tour de la Keirié, à Cuques, premier plateau vers le levant. Avril, Mai.

ANTHRISCUS. Hoffm. umb. 1, p. 38 Anthrisque.

A. cerefolium. Hoffm. umb. 41. Vulg' Cerfeuil. *Cerfeui*. Cultivé et spontané dans le ruisseau au levant de Cuques. Mai.

A. sylvestris. Hoffm. umb. p. 40. Pré sous le château de Vauvenargues. Avril, Mai.

CHŒROPHYLLUM. L. gen. 358. Cerfeuil.

C. hirsutum. L. sp. 371. Indiqué à Vauvenargues par Castagne. Mai.

SMYRNIUM. L. gen. 863. Maceron.

S. olusatrum. L. sp. 376. Vallon de Barret, pré au midi de l'abbatoir, dans une haie au levant de la campagne de Mme Guignon. Avril.

CONIUM. L. gen. 469. Ciguë.

C. maculatum. L. sp. 349. Vulg' Grande ciguë. *Balandino*. Dans un pré au midi de l'abattoir. Mai.

CACHRYS. Tournef. inst. 172. Armarinthe.

C. Lævigata. Lam. Dict. Vauvenargues. Vallon des Masques. Mai.

ERYNGIUM. L. gen. 324. Panicaut.

E. Campestre. L. sp. 337. Vulg' Chardon Roland, Barbe de chèvre. *Panicau*. Commun sur les berges et dans les lieux incultes. Août, Septembre.

Araliacées.

HEDERA. L. gen. 238. Lierre.

H. helix. L. sp. 292. *Eoure, eouno.* Lieux humides, parois des murs, troncs des arbres. Septembre, Octobre.

Cornées.

CORNUS. L. gen. 149. Cornouiller.

C. mas. L. sp. 171. *Acurnié* Vallon des Pinchinats. Février, Mars.

C. sanguinea. L. sp. 171. Vulg' Sanguin. *Sanguino.* Commun dans les haies. Juin, Juillet.

Loranthacées.

VISCUM. Tournef. inst. tab. 380. Gui.

V. Album. L. sp. 1451. *Vis.* Parasite sur divers arbres, l'Ormeau, le Peuplier d'Italie, l'Aubépine, surtout sur l'amandier, rarement sur le Chêne. Mars, Avril.

ARCEUTOBIUM. Bieberst. Arceutobie.

A. Oxycedri. Bieb. 1. c. Parasite du Genevrier oxycèdre, indiqué à Mimet par Castagne, très rare. Septembre.

Caprifoliacées.

SAMBUCUS. Tournef. inst. t. 376. Sureau.

S. ebulus. L. sp. 385 Vulg' Yèble. *Saoupudoun.* Fossés terrains humides la Torse près les Infirmeries. Juin.

S. Nigra. L. sp. 385. Vulg' Sureau. *Sambequié.* Commun dans les haies autour de la ville. Juin, Juillet.

VIBURNUM. L. gen. 370. Viorne.

V. tinus. L. sp. 383. Vulg' Laurier Tin. Cultivé et spontané dans une haie au nord-ouest de la Keirié. Mars, Juin.

V. lantana. L. sp. 384. Vulg' Viorne. *Tatino, Valinié.* Coteau Nord de la Trévaresse, Rive gauche de l'Arc en face de Palette, au pied du Montaiguet, avant la Simone. Avril, mai.

LONICERA. L. gen. 233. Chèvrefeuille. *Malisieuvo.*

L. implexa. Ait. hort Kew. Commune dans les haies. Mai, Juillet.

L. caprifolium. L. sp. 246. Indiqué par Castagne au Montaiguet. Mai.

L. etrusca. santi viagg. 1, p. 113. Dans les haies. Mai, Juillet.

Rubiacées.

RUBIA. L. gen. 127. Garance.

R. peregrina. L. sp. 158. *Garànço bastardo.* Montaiguet, Cuques, dans les endroits pierreux et dans les fentes de rochers. Juin, Juillet.

R. tinctorum. L. sp. 158. *Rubi, versile.* Cultivé et spontané dans les haies. Juin.

GALIUM. L. gen. 125. Gaillet.

G. glaucum. L. sp. 156. Pré au levant du Moulin-fort et rive gauche de l'Arc en face de ce pré. Pré à gauche de l'avenue du Tholonet, la Pioline. Mai, Juillet.

G. verum. L. sp. 155. Vulg' Caille-lait jaune. *Erbo de la ciro.* Les prés et les rives sèches. Mai, Juin.

G. elatum. Thuill. fl. par. 76. Les haies, les près. Mai, Juin.

G. erectum. Huds. angl. 68. Même habitat, même époque que le précédent.

G. corrudæfolium. Vill. Dauph. 2, p. 320. Coteaux secs, vallon de Barret, très abondant à Cuqnes. Mai, Juin.

G. cinereum. All. ped. 1, p. 6. Chemin de Repentance et coteaux voisins, Sainte-Victoire. Mai, Juin.

G. rubidum. Jord. b. c. p. 121. Coteau exposé au Nord, au couchant du Prégnon. Juin, Juillet.

G. myrianthum. Jord. ibid. Bords des chemins, coteaux pierreux, vallon de Mauret, Montaiguet. Mai, Juin.

G. scabridum. Jord. l. c. p. 136. Riv. de l'Arc en amont du Pont de l'Arc. Juin.

G. implexum. Jord. l. c. p. 141. Les Milles. Mai, Juin.

G. intertextum. Jord. l. c. p. 142. Roquefavour. Juin.

G. Sylvestre. Poll. pal. 1, p. 151. Plateau de la colline des Pauvres, Sainte-Victoire. Juin.

G. pusillum. L. sp. 154. Sainte-Victoire. Mai.

G. setaceum. Lam. Dict. 2, p. 584. Tholonet, un peu en amont du barrage du canal Zola. Avril.

G. divaricatum. Lam. Dict. 2, p. 580, Roquefavour. Juin.

G. parisiense. L. sp. 157. α. Nudum et б. vestitum. Lieux incultes, vallon du Cascaveou, Cuques. Avril, Mai.

G. aparine. L. sp. 157. Vulg¹ Gratteron, Rièble. *Arrapo-man.* Les champs, les haies. Juin.

G. tricorne. Wilh. Les champs. Juin, Juillet.

G. verticillatum. Danth. in Lam. Dict. 2, p. 585.
Coteau Ouest de la colline des Pauvres, Sainte-Victoire,
Roquefavour. Mai, Juin.

G. murale. All. ped. t. 1. p. 8. Les cours pavées de
la ville, Petit chemin des Milles, vers le Gour de Martelli.
Avril, Mai.

VAILLANTIA. Dc. fl. fr. 4, 266. Vaillantie.

V. muralis L. sp. 1490. Lieux secs, fentes des rochers,
Trois moulins, Cuques. Avril.

ASPERULA. L. gen. 121. Aspérule.

A. cynanchica. L. sp. 151. Vulg' Herbe à l'esquinan-
cie. Lieux incultes et pierreux, Montaiguet, Cuques, Juin,
Juillet.

A. arvensis. L. sp. 150. Les champs cultivés et les
incultes. Mai.

SHERARDIA. L. gen. 120. Sherarde.

S. arvensis. L. sp. 149. Les champs, les rives, Cuques
Avril, Juin.

CRUCIANELLA. L. gen. 126. Crucianelle.

C. maritima. L. sp. 158. Les Milles, fosse d'extraction en face de la gare. Juin.

C. latifolia. L. sp. 158. Coteaux secs, versant Ouest
de la colline des Pauvres, Montaiguet versant Nord, Cuques.
Juin.

C. angustifolia. L. sp. 157. Même habitat, même époque que le précédent.

Valérianées

CENTHRANTHUS. Dc. fl. fr. 4, p. 238. Centhranthe.

C. ruber. Dc. fl. fr. 4, 239. Vulg' Lilas de la Pente-côte, Barbe de Jupiter. *Pan de couguieu*. Murs et rives. Eté.

C. calcitrapa. Dufr. val. 39. Rives et lieux pierreux, Cuques, Berge du chemin du Coton-Rouge. Mai.

VALERIANA. L. gen. 44. Valériane.

V. dioica. L. sp. 44. Montaiguet, vallon de Fontga-mate, colline des Pauvres, vis-à-vis de Collongue. Mai.

V. tuberosa. L. sp. 46. Rives et coteaux ; entrée du vallon du cascaveou, Montaiguet versant Nord. Mai.

VALERIANELLA. Poll. pal, 1, p. 29. Mâche.

V. olitoria. Poll. pal. 1, p. 30 Vulg' Mâche, Bour-sette, Doucette, Salade verte, Chuguette. *Douceto, Mou-celè*. Rare dans les champs, mur en face du couvent des capucins. Mai.

V. carinata. Lois. fl. gall. 1, p. 25. Montaiguet. Mai.

V. pumila. Dc. fl. fr. 4, p. 242. Très commun dans les champs. Généralement confondue avec le V. olitoria sous les noms de *Douceto* et de *Moucelé*. Mai.

V. echinata. Dc. fl. fr. 4, p. 242. *Lachugueto*. Les champs. Avril, Mai.

V. coronata. Dc. fl. fr. 4, p. 241. *Douceto, Moucelè*. Les champs. Avril, Mai.

V. microcarpa. Lois. not. 151. Dans un champs in-culte entre les Milles et Saint-Hilaire. Mai.

V. discoidea. Lois. not. 148. Confondue avec la pré-cédente, les champs et les berges. Mai.

Dipsacées

DIPSACUS. Tournef. inst. 265. Cardère.

D. sylvestris. Mitl. Dict. 2. Vulg^t Cabaret des oiseaux, Lavoir de Vénus. *Cardoun bastard*. Bords des champs et surtout des fossés. Juillet, Août.

D. fullonum. Mill. dict. 1. Vulg^t Chardon à foulon, Chardon à bonnetier. Cultivé et subspontané. Juin.

CÉPHALARIA. Schrad. Céphalaire.

C. syriaca. schrad. cat. Vulg^t Verge du pasteur. *Pinaou*. Près du Malvalat au midi de la campagne de M. Castel. Juin.

C. leucantha. Schrad. l. c. Commun dans les endroits pierreux et sur les berges. Montaiguet, vallon du Coq. Juillet.

KNAUTIA. Coult. dips. 28. Knautie.

K. hybrida. Coult. dips, 30. Champs secs, Cuques. Juin.

6. integrifolia. Vallon du Tir, Cuques, sur l'aire de M. Castel.

K. arvensis. Koch. syn. ed. 2, p. 376. *Escabiouso*. Les champs, les coteaux, Mauret, Montaiguet. Juin, Juillet.

K. collina. Req. in Guer. Vaucl. Commune sur les coteaux, colline des Pauvres, Montaiguet, au vallon des Cailles. Juillet.

SCABIOSA. L. gen. 115. Scabieuse.

S. stellata. L. sp. 144. Coteaux exposés au Midi, Cuques. Petit chemin du Tholonet. Mai, Juin.

S. maritima. L. sp. 144. Très commune aux bords des champs et des chemins. Juin, Juillet.

6. atropurpurea. Vulg^s Fleur de veuve, mêmes lieux, mais plus rare.

S. gramuntia. L. sp. 143. Commune au vallon de Fontgamate à celui du Coq. Juin, Juillet.

5

S. succisa. L. sp. 142. Vulg⁺ Mors du diable. Lieux humides, bords de l'Arc. Août, septembre.

Synanthérées,

CORYMBIFÈRES.

EUPATORIUM. L. gen. 935. Eupatoire.

E. cannabinum. L. sp. 1173. Vulg⁺ Eupatoire d'Avicenne. Fossés humides, la Torse, les bords de l'Arc. Juillet, Août.

PETASITES. Tournef. inst. 451. Pétasite.

P. fragrans. Presl. Vulg⁺ Héliotrope d'hiver. Repentance, dans le ruisseau qui coule au bas et à l'ouest de la Vieille Pinette. Janvier, Février.

TUSSILAGO. L. gen. 952. Tussilage.

T. farfara. L. sp. 1214. Vulg⁺ Pas d'âne. *Tussilagi*. Lieux argileux et humides. Mars.

SOLIDAGO. L. gen. 955. Solidage.

S. Virga-aurea. L. sp. 1235. Vulg⁺ Verge d'or. *Bensibouneto*. Rive gauche de l'Arc en face de la Simone entre l'Arc et le chemîn. Septembre.

PHAGNALON. Cass. bull. phil p. 174 Phagnalon.

P. sordidum. Dc. prodr. 5, p. 396. Rochers et vieux murs exposés au midi, chemin de Vauvenargues sur le mur depuis la Pinette jusqu'au chemin de Repentance, vallon des Gardes. Mai.

CONYZA. Lest. syn. 203. Conyse.

C. ambigua. Dc. fl. fr. 5-463. Autour de la ville le long des murs. Septembre.

ERIGERON. L. gen. 951. Vergerette.

E. canadensis. L. sp. 1210. Les coteaux, les bords de l'Arc, Cuques. Juillet, Août.

E. acris. L. sp. 1211. Terrains frais, quartier de Fontlebre, chemin à l'est de Repentance. Juillet, Août.

ASTER. Nees. ast. 16. Aster.

A. amellus. L. sp. 1226. Vulg. OEil de Christ. Ruisseau près de la grande allée du Tholonet. Octobre.

A. acris. L. sp. 1228. *Cabridelo*. Lieux pierreux et ombragés. Juillet, septembre.

BELLIS. L. gen. 962. Paquerette.

B. perennis. L. sp. 1848. *Margarideto*. Abonde dans les pelouses. Du printemps à l'été.

B. sylvestris. Cyr. *Margarideto*. Commune dans les endroits frais, vallon de Valcros, Repentance sous la Vieille-Pinette. Août, Septembre.

SENECIO. Lessing. syn. 391. Séneçon.

S. vulgaris. L. sp. 1216. *Séneissoun*. Commun partout, presque toute l'année.

S. gallicus. Vil. Dauph. 3, p. 230 Lieux secs et pierreux. dans les haies, au pont de Béraud, Cuques. Mai, Juin.

S, jacobea. L. sp. 1219. *Erbo de sant Jacque*. Bord de la Touloubre en aval du pont de la Madeleine. Juillet.

S. erucifolius. L. sp. 1218. Bords des fossés humides Juillet, Août.

S. doria. L. sp. 1221. Bords de l'Arc. Juillet.

S. Gerardi. Gr. et Godr. fl. fr. 2, p. 122. Sainte-Victoire, versant nord, chemin longeant la rive gauche de l'Arc, peu en amont de la Simone. Mai.

ARTEMISIA. L. gen. 945. Armoise.

A. annua. L. sp. 1187. Bords de l'Arc en aval des

Infirmeries. Probablement de graines importées. Septembre.

A. Absinthium. L. sp. 1188. Vulg. Absinthe, Aluyne. *Encen, Gros encen*. Cultivée et parfois spontanée. Montaiguet, quartier de Lévésy. Août.

A. camphorata. Vill. Dauph. 3, p. 242. Sur le chemin de Vauvenargues au Sambuc. Septembre.

A. vulgaris. L. sp. 1188. *Arquemiso*. Cultivée et subspontanée. Eté.

A. scoparia. Walds et Kit. Même observation que pour l'A. annua.

A. campestris. L. sp. 1185. Bords des chemins, rives de l'Arc. Septembre.

A. glutinosa. Gay in Bess. Même habitat, même époque que la précédente.

TANACETUM. Less. syn. 264. Tanaisie.

T. vulgare. L. sp. 1184. Vulg. Herbe aux vers, Barbotine. *Tanarido*. Montaiguet, vallon du Grivoton, dans une remise ouverte et abandonnée. Garidel la dit spontanée dans plusieurs endroits du territoire d'Aix. Juillet.

LEUCANTHEMUM. Tournef. inst. 492.. Leucanthême.

L. vulgare. Lam. fl. fr. 2, p. 137. Vulg. Grande paquerette, Grande Marguerite, OEil de Bœuf. *Grando Margarido*. Les prés, les champs. Mai, juin.

L. pallens. Dc. Prodr. 6, p. 48. Commun sur les bords de l'Arc, au Tholonet dans les lieux couverts. Mai.

L. graminifolium. Lam. fl. fr. 2, p. 137. Sainte-Victoire, versant nord, vers le sommet, entre Vauvenargues et le Bec de l'Aigle. Juin.

L. corymbosum. Gr. et Godr. fl. fr. 2, p. 145. Coteaux exposés au nord, quartier de Mauret, rive g. de l'Arc près de la Simone. Juin.

L. parthenium. Godr. et Gr fl. fr. 2, p. 145. Cultivé et subspontané dans les jardins, murs du jardin de Grassi. Juin, juillet.

CHRYSANTHEMUM. Tournef. inst. 491. Chrysanthème.

C. segetum. L. sp. 1254. Vulg. Marguerite dorée. Pré au midi de l'abattoir et rare dans les champs. Juin.

PINARDIA. Less. syn. 255. Pinardie.

P. coronaria. Less. l. c. Cultivée dans les jardins et naturalisée dans beaucoup d'endroits, Mauret, Repentance, Cuques. Mai.

MATRICARIA. L. gen. 967. Matricaire.

M. inodora. L. fl. suec. 2, 765. Dans un îlot de l'Arc vis-à-vis des Infirmeries. Juillet.

CHAMOMILLA. Godr. fl. lorr. 2, p. 19. Camomille.

C. nobilis. Godr. ibid. Vulg. Camomille romaine. *Camoumiho*. Hameau de Saint-Hilaire, Cuques, mur du levant vis-à-vis de la campagne de M. Roman. Avril.

ANTHEMIS. L. gen. 645. Anthémide.

A. arvensis. L. sp. 1261. *Margaridié*. Commune dans tout le territoire. Mai, juin.

SANTOLINA. Tournef. inst. 260. Santoline.

S. chamcyparissus. L. sp. 1179. Vulg. Aurone femelle, Petit cyprès, Garde-robe. *Farigoulo fero*. Commune à Sainte-Victoire, elle descend dans le lit de l'Arc jusqu'aux Milles, elle borde aussi la route de Gap, au bas du versant nord de la Trévaresse. Juin, juillet.

S. viridis. Willd. sp. 3, p. 1798. Trouvée à Cuques dans un endroit inculte, sans doute échappée des jardins où elle forme de jolies bordures mêlée à la précédente. Juin, juillet.

ACHILLEA. L. gen. 646. Achillée.

A. tomentosa. L. sp. 1264. Champs pierreux, vers Saint-Pons. Mai.

A. Odorata. L. sp. 1268. Dans un sentier conduisant de la tour d'Arbois au hameau de Saint-Hilaire. Juin.

A. millefolium. L. sp. 1267. Vulg. Millefeuille. *Milofeuio*. Les prés. Juin, juillet.

6. setacea. Koch. syn. 411. Sainte-Victoire et sur les bords des routes. Juin.

A. nobilis. L. sp. 1268. Quartier de Fontlèbre, dans les cultures et sur le chemin de Banon. Juin.

A. ageratum. L. sp. 1264. Fenouillère, parois d'un bassin à la campagne de M. Fouque. Bompart, près de la ferme, bords de la Jouyne. Juillet, août.

ASTERISCUS. Mœnch. meth. 592. Astérisque.

A. aquaticus. Mœnch. ibid. Quartier de Saint-André près de la Torse. Juin.

A. spinosus. Godr. et Gr. fl. fr. 2, p. 172. Commun dans les lieux secs et aux bords des routes. Juillet, septembre.

INULA. L. gen. 956. Inule.

I. coniza. Dc. 5, 464. Vulg. Herbe aux mouches. Bords des chemins, rives. Juillet, août.

I. bifrons. L. sp. 1236. Chemin de Banon, vers le domaine de M. Rey, quartier de Fontlèbre. Juillet, août.

1. spirœifolia. L. sp. 1238. Coteaux pierreux, quartier de Mauret, colline des Pauvres. Juillet, août.

I. salicina. L. sp. 1238. Le Prégnon, le Montaiguet dans le vallon du Coq. Juillet, août.

I. montana. L. sp. 1241. Coteaux secs, Montaiguet, Cuques sur le premier plateau. Juin, juillet.

I. britannica. L. sp. 1237. Rive g. de la Touloubre et bords du ruisseau du Prégnon. Juin, juillet.

I. helenioides. Dc. fl. fr. 5, p. 570. Aster pannonicus de Garidel p. 48. Cette plante très rare croît encore dans la localité où Garidel l'a indiquée, Montaiguet sous l'ancien chemin de Gardanne, sur les bords et dans le lit du ruisseau qui traverse le pré de Magnan. Juin, juillet.

Pulicaria. Gœrtn. fruct. 2, p. 461. Pulicaire.

P. odora. Rchb. fl. excurs, p. 239. Rive d. de la Touloubre en aval de la Calade. Juin.

P. dysenterica. Gœrtn. fruct. 2, p. 461. Vulg. Herbe de Saint-Roch. Fossés humides. Juillet, septembre.

Cupularia. Godr. et Gr. fl. fr. 2, p. 180. Cupulaire.

C. graveolens. Godr. et Gr. ibid. Rive g. de l'Arc entre la passerelle du Tir et le pont de l'Arc. Septembre.

C. viscosa. Godr. et Gr. *Nasco, Erbo dei niero*. Lieux argileux, petit chemin du Tholonet, bords de l'Arc. Juillet août.

Jasonia. Dc. prodr. 5, p. 476. Jasonie.

J. glutinosa. Dc. ibid. Sainte-Victoire versant nord à mi-côte et Montagne des Anges. Septembre.

Helichrysum. Dc. prodr. 6, p. 169. Hélichyse.

H. stœchas. Dc. fl. fr. 4, p. 132. Vulg. Stœchas citrin. *Saureto, immourtello jauno*. Coteaux secs. Juin, juillet.

Gnaphalium. Don. Mem. 5, p. 563. Gnaphale.

G. luteo-album. L. sp. 1196. Terres humides, sables de l'Arc. Juin, juillet.

Antennaria. R. Brown. Antennaire.

A. dioica. Gœrtn. Vulg. Pied de chat, indiqué à Aix. par Castagne.

FILAGO. Tournef. inst. 259. Cotonnière.

F. spathulata. Presl. Bords des routes, abonde à la montée d'Avignon. Eté.

F. germanica. L. sp. 1311. *Erbo dou tarnagas*. Les champs, les rives humides. Juillet, août.

F. minima. Friès. *Collo dei Dedaou*. Champs incultes au-dessus de Roquefavour. Juin.

MICROPUS. L. gen. 996. Micrope.

M. erectus. L. sp. 1313. Lieux secs, versant sud de la colline à l'ouest du Prégnon, plaine des Milles. Juin.

M. bombycinus. Lag. gen. Cuques, premier plateau. Juin.

CALENDULA. Neck. elem. n° 75. Souci.

C. arvensis. L. sp. 1303. Commun dans les champs, surtout sous les oliviers. Fleurit presque tout l'hiver.

Cynarocéphales.

ECHINOPS. L. gen. 999. Echinope.

E. ritro. L. sp. 1314. Lieux secs et pierreux. Juillet, août. Variété à fleur blanche, sur le talus du pont des Gardes,

GALACTITES. Mœnch. meth. 558. Galactite.

G. tomentosa. Mœnch. ibid. Saint-Victoret. Juin.

TYRIMNUS. Cass. dict. 335. Tyrimne.

T. Leucographus. Cass. ibid. Rive d. du petit chemin du Tholonet, quartier de Bompard vers le haut du vallon de Millaud. Mai, juin.

SILYBUM. Vaill. Silybe.

S. marianum. Gœrtn. **Vulg.** Chardon-Marie. Jardin de Grassi, vers les murs du levant, Fenouillère, Bompard, Tholonet au couchant du Château. Mai.

ONOPORDON. Vaill. Onoporde.

O. Acanthium. L. sp. 1158. **Vulg.** Pet-d'âne. Epine blanche, chardon achanthin. *Gros cardoun.* Bords des champs au levant des trois-moulins à l'endroit où Garidel l'a indiqué. Juin, juillet.

O. illyricum. L. sp. 1158. *Pet d'aï.* Bords des champs, lieux stériles, berges autour de la ville, plus commun que le précédent. Juin, juillet.

CYNARA. Vaill. Artichaut.

C. cardunculus.. L. sp. 1159. **Vulg.** Carde, cardon d'Espagne, cardonnette. *Cardo.* Cultivé. Juillet, août.

C. scolymus. L. sp. 1159. **Vulg.** Artichaut. *Cachou-flié.* Cultivé. Juillet, août.

PICNOMON. Lob. icon. 3, tab. 14. Picnomon.

P. acarna. Cass. dict. 40, p. 188. Bords des champs, lieux incultes. Juin.

CIRSIUM. Tournef. inst. 255. Cirse.

C. lanceolatum. scop. carn. 2, p. 130. Bords des champs, lieux incultes. Juin, juillet.

C. ferox. Dc. fl. fr. 4, p. 120. *Bartalaï.* Lieux incultes, bords du chemin vers le pont des Gardes. Juillet.

C. monspessulanum. All. ped. 1, p. 152. Lieux humides, bords de l'Arc, vers la source d'Argent. Juillet, août.

C. bulbosum. Dc. fl. fr. 4, p. 148. Lieux humides, vallon de Valcros, bords de l'Arc, près des Infirmeries. Juillet.

C. acaule. All. ped. 1, p. 153. Gazon sec, près de la fontaine de Klaps. Juillet, août.

C. arvense. scop. carn. 2, p. 126. Vulg. Chardon hémorrhoïdal. *Caussido*. Trop commun dans les champs qu'il infecte. Juillet, août.

CARDUUS. Gœrtn. fruct. 2, p. 377. Chardon.

C. tenuiflorus. Curt. Commun dans les lieux incultes et sur les bords des chemins. Mai-juillet.

C. Pycnocephalus. L. sp. 1151. Même habitat., même époque que le précédent.

C. nutans. L. sp. 1150. Trois-Moulins versant Est, près de la chute d'eau du canal du Verdon. Juillet.

C. nigrescens. Vill. Dauph. 3, p. 5. Très commun partout, Cuques. Mai, juin.

C. hamulosus. Ehrh. Commun dans les lieux arides, principalement au quartier de Roussié.

CARDUNCELLUS. Adans. fam. 2, p. 116. Cardoncelle.

C. monspeliensium. All. ped. 1, p. 154. Coteau exposé au nord, près du domaine de Saint-Hippolyte, revers de la Trévaresse. Juin.

CENTAUREA. L. gen. 984. Centaurée.

C. amara. L. sp. 1292. Les prés, les bords de l'Arc, bord du ruisseau qui traverse le pré de Magnan. Août, septembre.

C. jacea. L. sp. 1293. Vulg. Jacée des prés. Même habitat, même époque que la précédente.

C. cyanus. L. sp. 1289. Vulg. Bluet, Barbeau, Casselunette. *Bluret*. Commun dans les champs. Mai, juin.

C. scabiosa. L. sp. 1291. Quartier de Roussié, champs des manœuvres, près du cimetière. Mai, juin.

C. Hanrii. Jord. obs. 5, p. 70. Sainte-Victoire. Juin.

C. paniculata. L. sp. 1289. Abonde au quartier de Saunto-lèbre. Mai, juillet.

C. polycephala. Jord. fragm. 5, p. 67. Rives et coteaux secs, Cuques au levant. Juin, juillet·

C. collina. L. sp. 1298. *Cabassudo*. Très commune dans les champs et sur les berges. Juin, juillet.

6. fl. luteo-roseo. Cette variété remarquable par sa fleur couleur brique a été trouvée en très petit nombre au bord d'un champ, près de la fontaine de Saint-Marc. Elle a été trouvée depuis en abondance sur la rive gauche de l'Arc, un peu en amont de la passerelle du Tir.

C. aspera. L. sp. 1296. *Maco-muau*. Rives et coteaux. Juin, juillet.

C. calcitrapo-aspera. Godr. et Gr. fl. fr. 2, p. 260. Bords des chemins. Juin, juillet.

C. calcitrapa. L. sp. 1297. Vulg. Chausse-trape, Chardon-étoile. *Caouco-tripo*. Bords des chemins. Juin, juillet.

Var. blanche, près de la Montorone. Août.

C. melitensis. L. sp. 1297. Roquefavour chemin de l'Ermitage à droite, près de l'Ermitage et champs voisins. Juillet.

C. solstitialis. L. sp. 1297. *Aurvelo* ou *Aouriolo*. Les champs et les rives, très abondante. Juin, septembre.

C. diffusa. Lam. Dict. Chaume dans la plaine des Milles. Octobre, en fruit.

MICROLONCHUS. Dc. prodr. 6, p. 562. Microlonque.

M. salmanticus. Dc. ibid. Rive g. du chemin de Marseille en face de la Glacière, vallon de Millaud. Juin.

KENTROPHYLLUM. Meck. elem. n° 155. Kentrophylle.

K. lanatum. Dc. in Dub. bot. 293. Vulg. Chardon béni des Parisiens. Bords des chemins et lieux incultes. Juillet, août.

CNICUS. Vaill. Cnique.

C. benedictus. L. sp. 826. Vulg. Chardon-bénit. *Bouen-Cardoun*. Commun dans les champs. Avril, mai.

CRUPINA. Cass. dict. 44, p. 39. Crupine.

C. vulgaris. cass. ibid. Sur les berges et dans les champs incultes. Avril, juin.

SERRATULA. Dc. prodr. 6, p. 667. Sarrète.

S. nudicaulis. Dc. fl. fr. 4, p. 86. Sainte-Victoire. Mai.

LEUZEA. Dc. fl. fr. 4, p. 109. Leuzée.

L. conifera. Dc. ibid. Commune dans les broussailles au Montaiguet et à Cuques. Juin, juillet.

STŒHELINA. Dc. Ann. mus. 16, p. 192. Stéhéline.

S. dubia. L. sp. 1176.. Coteaux secs, Montaiguet, Cuques. Juin.

CARLINA. Tournef. inst. 285. Carline.

C. vulgaris. L. sp. 1161. Lieux secs et pierreux. Juillet, août.

C. lanata. L. sp. 1160. *Carlino*. Lieux secs et pierreux petit chemin du Tholonet, peu après le pont des Gardes et chemin parallèle en dessous à droite. Juillet.

C. corymbosa. L. sp. 1160. *Fouitto-dieu*. Lieux secs et incultes. Juillet, août.

C. acaulis. L. sp. 1160. La Trévaresse d'après Castagne.

C. acanthifolia. All. ped. 1. p. 156. Vulg. Chardousse ou Ciardousse. Versant nord de la Trévaresse. *Font dou teule*. Sur une berge. Juin-août.

LAPPA. Tournef. inst. 450 Bardane.

L. minor. Dc. fl. fr. 4, p. 77. *Tiro-pèou*. Décombres, haies, bords des chemins et des ruisseaux. Juillet, août.

L. tomentosa. Lam. dict. 1, p. 377. Haies humides. Castagne.

XERANTHEMUM. Tournef. inst. 499. Immortelle.

X. inapertum. Willd. sp. 3. 1902. Lieux secs et pierreux, Cuques moulin *destesta*. Mai, juillet.

Chicoracées.

CATANANCHE. Vaill. act. par. 1721. Cupidone.

C. cœrulea. L. sp. 1142. Lieux arides, bords de l'Arc. Eté.

C. flore pleno cœruleo. Même habitat., même époque que le précédent.

C. flore albo. Montaiguet, au vallon de Fontgamate.

C. flore roseo. Au pied du Montaiguet, vis-à-vis de l'Arc de Meyran et dans un sentier après la Simone.

CICHORIUM. L. gen. 921. Chicorée.

C. entvbus. L. sp. 1142. *Cicori fer*. Prairies des Infirmeries, bords de l'Arc et lieux cultivés. Eté.

C. indivia. Willd. sp. 3, p. 1629. *Andivo*. Cultivée sous le nom d'Endive avec les trois variétés suivantes : α. latifolia, connue sous le nom de *Scariole*. 6. angustifolia, ou petite endive. γ. crispa, ou chicorée frisée.

HEDYPNOIS, Tournef. inst. 478, t. 271. Hedypnoïs.

H. polymorpha. Dc. Prodr. 7, p. 81. Trous des vieux murs et bords des chemins. Mai, juin.

RHAGADIOLUS. Tournef. inst. 479., t. 272. Rhagadiole.

R. stellatus. Dc. prodr. 7, p. 77. Commun dans les cultures. Mai, juin.

LAMPSANA. L. gen. 919. Lampsane.

L. communis. L. sp. 1141. Vulg. Herbe aux mamelles. Commune dans les lieux ombragés et sur les vieux troncs de Saule surtout. Eté.

HYPOCHŒRIS. L. gen. 918. Porcelle.

H. radicata. L. sp. 1140. Bords de l'Arc et prairies. Mai.

THRINCIA. Rot. cat. 1, p. 87. Thrincie.

T. hirta. Rot. cat. 1, p. 98. Bords de l'Arc et généralement dans les endroits sablonneux. Eté.

T. tuberosa. Dc. fl. fr. 4. p. 52. Petit chemin du Tholonet sous la campagne de M. le Dr Lisbonne, ainsi que sur le coteau qui domine le chemin et dans le vallon vis-à-vis, Prégnon, chemin de Berre. Automne.

LEONTODON, L. gen. 912. Liondent.

L. proteiformis. Vill. Dauph. 3, p. 87. Pré vis-à-vis du Pavillon de Lanfant, bords de l'Arc. Automne.

L. Villarsii. Lois. Gall. ed. 2, vol. 2, p. 177. Montaiguet à l'entrée du vallon du Chicalon et sur les coteaux stériles. Juin, juillet.

L. crispus. Vill. Dauph. 3, p. 84, t. 25. Vallon des Gardes, voisinage de la Keirié. Mai, juin.

PICRIS. Juss. gen. 170. Picride.

P. pauciflora. Willd. sp. 3, p. 1557. Vallon de Bouonouro, des Gardes, Cuques. Mai, juin.

P. hieracioides. L. sp. 1115. Commun dans les champs incultes et sur les bords des chemins. Eté et automne.

HELMINTHIA. Juss. gen. 170. Helminthie.

H. echioides. Gœrtn. fr. 2, p. 368. *Cardounesso.* Commun aux bords des chemins et dans les champs incultes. Eté, automne.

UROSPERMUM. Juss. gen. 170. Urosperme.

U. Dalechampii. Desf. cat. ed. 1, p. 90. Bords des chemins. Printemps.

U. picroides. Desf. ibid. *Escarpouleto*. Bords des chemins et trous des vieux murs, Cuques, vallon des Gardes. Printemps. été.

SCORZONERA. L. gen. 906. Scorzonère.

S. hirsuta. L. mant. 278. Montaiguet, Cuques, colline des Pauvres. Mai, juin.

S. austriaca. Willd. sp. 3, 1498. Sommet de Sainte-Victoire. Mai.

S. parviflora. Jacq. austr. 4, t. 305. Bord de l'étang près de Berre. Mai.

S. hispanica. L. sp. 1112. Vulg. Scorzonère, Salsifis noir, Salsifis d'Espagne. Cultivée et trouvée une fois spontanée aux Infernets. Eté et automne.

PODOSPERMUM. Dc. fl. fr. 4, p. 61. Podosperme.

P. laciniatum. Dc. 4, p. 62. *Galineto, Barbabou dei champ*. Vallon de Brunet, bords des champs et rives sèches. Avril, mai.

δ. latifolia. Route d'Italie, près de la ville. Avril.

P. decumbens. Gr. et Godr. Même habitat et même époque que le précédent, moins commun.

TRAGOPOGON. L. gen. 905. Salsifis.

T. pratensis. L. sp. 1109. *Barbabou*. Commun dans les prés. Printemps, été et automne.

T. orientalis. L. sp. 1109. Commun dans les prés et confondu avec le précédent, fleurit aux mêmes époques.

T. crocifolius. L. sp. 1110. Montaiguet, vallon du Tir. Mai, juin.

T. stenophyllus. Jordan. Vallon de Brunet, bords des chemins. Mai, juin.

T. australis. Jordan. Bords des champs et des chemins. Mai.

T. major. Jacq. austr. 1, 29. Même habitat, même époque que le précédent.

T. dubius. Vill. Dauph. 3, p. 68. Vers les Milles. Mai.

CHONDRILLA. L. gen. 910 Condrille.

C. juncea. L. sp. 1120. *Saoutoulame, Lacholèbre.* Commune dans les champs. Eté.

TARAXACUM. Juss. gen. 169 Pissenlit.

T. officinale. Wigg. prim. hols. p. 56. *Dent de lien, Mourre pourchin, Mourre pourri.* Commun dans les jardins et dans les champs. Eté et automne.

T. lœvigatum. Dc. fl. fr. 5, p. 450. Colline des Pauvres. Avril, mai.

T. erythrospermum. Andrez. Berges du chemin de Meyreuil, Moulin *destesta.* Avril, mai.

T. gymnanthum. Dc. prodr. 7, p. 145. Bords des routes, Septembre.

T. obovatum. Dc. rapp. voy 2, p. 83. Montaiguet dans les endroits frais et couverts du vallon du Coq et du Chicalon. Avril, mai.

T. palustre. Dc. fl. fr. 4, 45. Versant méridional de Sainte-Victoire, près de la source qui est au levant de la métairie de Rioulfe. Mars, avril.

LACTUCA. L. gen. 909. Laitue.

L. viminea. Linck. hort. bérol. 2, p. 281. Montaiguet, vallon du Chicalon et généralement dans les endroits secs et pierreux. Juillet, août.

L. saligna. L. sp. 1119. Même habitat. même époque que la précédente, trouvée une fois au bord du chemin qui conduit à la gare.

L. scariola. L. sp. 1119. *Lachugo-fero..* Très commune dans les champs. Eté et automne.

L. virosa. L. sp. 1119. Quartier d'Entremont. Juillet.

L. sativa. L. sp. 1118. La variété qu'on appelle en provençal *Redouno* est la v. capitata de L. L'autre variété *Roumeno* est la v. Longifolia du même auteur. Ces deux variétés sont cultivées et souvent subspontanées. Eté, automne.

L. muralis. Dc. prodr. 7, p. 139. Sainte-Victoire, parois et voûte du Garagay. Juin.

L. perennis. L. sp. 1120. *Cendrau*. Lieux découverts et pierreux. Mai, juin.

SONCHUS. L. gen. 908. Laiteron.

S. tenerrimus. L. sp. 1117. *Cardelo*. Vieux murs et bords des sentiers. Mai.

S. oleraceus. L. sp. 1116. *Engraisso pouer*.. Lieux cultivés. Juin, juillet.

S. asper. Vill. Dauph. 3, p. 158. Montaiguet, vallon des Anges, Peirières, Cuques. Juin.

S. arvensis. L. sp. 1116. Dans les champs, sur les bords de l'Arc. Juin.

S. palustris. L. sp. 1116. Cuques au couchant, dans un champ cultivé, humecté par les infiltrations des rochers qui le dominent. Octobre.

PICRIDIUM. Desf. atl. 2, p. 221. Picridie.

P. vulgare. Desf. l. c. *Coustelino, Couesto counillo*. Commun sur les berges et aux bords des champs. Mai, octobre.

ZACINTHA. Tournef. inst. 476, t. 369. Zacinthe.

Z. verrucosa. Gœtn. fr. 2, p. 358. Vauvenargues dans le vallon des Masques, vallon du *Cascaveou*, champs au nord de La Calade appartenant à M. d'Etienne. Mai, juin.

PTEROTHECA. Cass. dict. sc. nat. 25, p. 62. Ptero-thèque.

P. nemausensis. Cass. 1. c. *Maou d'ieu, Erbo rousso, Ped de Gau, Reviro souleu.* Très commun dans tout le territoire. Printemps, été.

CREPIS. L. gen. 914. Crépide.

C. taraxacifolia. Dc. fl. fr. 4, p. 43. Commun dans les bois et dans les haies. Mai, juin.

C. recognita. Dc. prodr. v. 7, p. 154. Vallon du Saint-Esprit. Mai.

C. erucœfolia. Gr. et Godr. fl. fr. 2, p. 331. Séchoir à laines du pont des Trois-Sautets et bords des chemins aux environs où il s'est répandu et naturalisé. Juillet, août.

C. setosa. Hall. fil. in Rœm. Prairie sur le canal de Marseille entre Ventabren et Roquefavour. Juin.

C. fœtida. L. sp. 1133. Dans les champs et sur les décombres. Mai, juin.

C. albida. Vill. Dauph. 3, p. 139, t. 33. Sainte-Victoire, à gauche du sentier qui conduit du couvent au Garagay. Juin.

C. biennis. L. sp. 1136. Vallon des Mourgues. Juillet, août.

C. nicæensis. Balb. ap. Pers. syn. 2, p. 376. Pied de Sainte-Victoire, au levant et dans le voisinage du Château de Vauvenargues. Juin.

C. virens. 6. diffusa. Vill. Dauph. 3, p. 142. Rive gauche de la Luyne, 1 kilomètre environ en aval du hameau. Juillet.

C. pulchra. L. sp. 1134. Çà et là dans les lieux ombragés

souvent sur les troncs des vieux Saules, Cuques. Mai, juin.

HIERACIUM. L. gen. 913. Epervière.

H. pilosella. L. sp. 1125. *Erbo deis esternut*. Commun dans les champs et sur les berges. Eté.

N. præaltum. 6. decipiens. Vill. in Goch. cich. 17. Vallon de Fontgamate à l'endroit où il débouche dans l'Arc. Mai, juin.

H. staticæfolium. Vill. Dauph. 3, p, 116. Canal de Marseille entre Ventabren et Roquefavour. Août.

H. glaucum. All. ped. 1, p. 214. Ruisseau un peu au-dessus de la prise du canal du Pénitencier. Juin.

H. amplexicaule. L. sp. 1129. Sainte-Victoire, fentes des rochers, dans la cour du couvent et à la voûte du Garagay. Juin, juillet.

H. murorum. L. sp. 1128. *Erbo de la guerro*. Très commun dans les endroits ombragés. Mai, juin.

H. Jacquini. Vill. Dauph. 3, p. 123. Sainte-Victoire dans la cour du couvent. Mai, juin.

H. boreale. Friès, nov. p. 261. Rive gauche en montant du chemin des Baumettes. Octobre, novembre.

ANDRYALA. L. gen. 915. Andryale.

A. sinuata. L. sp. 1137. Commune dans les champs incultes, champ des manœuvres. Mai–juillet.

6. integrifolia. Moins commune que la précédente.

SCOLYMUS. L. gen. 922. Scolyme.

S. hispanicus. L. sp. 1143. Vulg. Epine jaune. *Cardoun, Pei de Nouvè*. Bords des chemins aux environs de la Ville. Mai, juin.

Ambrosiacées

Xanthium. Tournef. inst. fr. 438, t. 252. Lampourde.

X. strumarium. L. sp. 1400. Vulg. Glouteron, petite bardane. *Lampourdo.* Fenouillère, prés et fossés autour de la gare. Juin, juillet.

X. macrocarpum. Dc. fl. fr. 5, p. 356. *Lampourdo.* Bords de l'Arc, Fenouillère. Eté, automne.

X. spinosum. L. sp. 1400. Rives et berges autour de la ville. Mai, juin.

Campanulacées

Jasione. L. gen. 1005. Jasione.

J. montana. L. sp. 1317. Sainte-Victoire, versant nord. Juillet.

Specularia. Heist. syst. p. l. gen. 8, 1748. Spéculaire.

S. speculum. Alph. Dc. prodr. 7, p. 490. Vulg. Doucette, Miroir de Vénus. *Mirayé.* Commune dans les moissons. Mai, juin.

S. hybrida. Alph. Dc. Même habitat, même époque que le précédent.

Campanula. L. gen. 248. Campanule.

C. medium. L. sp. 236. Vulg. Carillon, Violette de Marie. *Gantelet.* Chemin de Meyreuil, Montaiguet, vallons de la Mure, du Coq. Mai, juin.

C. glomerata. L. sp. 235. Montaiguet, près de la Simone. Juin.

C. barbata. Indiquée par Castagne aux infernets.

C. trachelium. L. sp. 235. Vulg. Gants de Notre-Dame. Rive droite de la Luynes, près de la campagne de M. Michel François. Juillet.

C. erinus. L. sp. 240. Commune dans les trous des vieux murs, plus rarement dans les pelouses. Mai.

C. rotundifolia. L. sp. 232. *Campaneto*. Sainte-Victoire, cour du couvent dans les fentes des rochers. Juin.

C. rapunculus. L. sp. 232. *Rampouchou*. Commune partout dans les haies. Mai, juin.

Ericinées

ARBUTUS. Tournef. p. 598, t. 368. Arbousier.

A. unedo. L. sp. 566. Vulg. Fraisier en arbre. *Darboussié* et le fruit *Darbousso*. Cultivé, souvent spontané autour des habitations, Cuques au couchant dans le creux d'un rocher. Septembre, octobre.

ERICA. L. gen. 424. Bruyère.

E. arborea. L. sp. 502. *Brugas mascle*. Plateau qui domine la *collo deï dedaou* et *Malouesso*, sur du silex blanc subordonné à du calcaire lacustre. Avril.

E. scoparia. L. sp. 502. *Brus descoubo*. Rive d. de l'Arc vis-à-vis de l'embouchure du ruisseau de Fontgamate. Juin.

3me CLASSE — COROLLIFLORES

Primualcées

PRIMULA. L. gen. 197. Primevère.

P. officinalis. Jacq. misc. 1, p. 159. Vulg. Primerolle, Brayette, coucou. Prairies voisines des Moulins-Forts, Sainte-Victoire, au levant de la *Baumo dau Sambu*. Rochers en fer à cheval vis-à-vis de Collongue. Mai.

ANDROSÁCE. Tournef. inst. p. 123, t. 46. Androsace.

A. maxima. L. sp. 203. Vallon de la canardo, près du chemin de Vauvenargues, Sainte-Victoire dans les moissons, vis-à-vis du château de Saint-Marc. Avril, mai.

ASTEROLINUM. Linck. et Hoffm. fl. port. 332. Astérolin.

A. stellatum. Linck. et Hoffm. l. c. Cuques, colline des Pauvres, Montaiguet et autres endroits pierreux. Juin, juillet.

LYSIMACHIA. L. gen. 205. Lysimaque.

L. vulgaris. L. sp. 209. Vulg. Corneille, Chassebosse. Très commune sur les bords de l'Arc. Mai, juin.

PALLADIA. Mœnch. Palladie.

P. atropurpurea. Trouvée une fois sur la rive d. de l'Arc vis-à-vis de la fabrique du Coton-rouge. Fin juin.

CORIS. Tournef. inst. p. 652, t. 423. Coris.

C. monspeliensis. L. sp. 252. *Thé rouge dei couello* Très commun sur tous les coteaux des environs, sur les bords du canal Zola, Cuques au Midi. Mai.

ANAGALLIS. Tournef. inst. p. 142, t. 59. Mouron.

A. arvensis. L. sp. 211. Les deux variétés α. phœnicea. et б. cœrulea, sont communes sur les hauteurs et dans les endroits humides. Eté.

A. tenella. L. mant. 335. Rive droite de l'Arc vis-à-vis du vallon du Tir. Juin.

SAMOLUS. Tournef. inst. 143, t. 60. Samole.

S. Valerandi. L. sp. 243. Bords de l'Arc, Torse et autres lieux humides. Mai, juin.

Styracées.

STYRAX. Tournef. inst. p. 598, t. 569. Aliboufier.

S. officinale. L. sp. 635. *Aligoufié*. Indiqué par Garidel à la Sainte-Baume et à la forêt de Montrieux. Mai.

Oléacées

FRAXINUS. Tournef. inst. 577. t. 343. Frêne.

F. excelsior. L. sp. 1509. *Fraï*. Tholonet au couchant du château. Avril.

F. Oxyphylla. Bieb. taur. 2, p. 450. Très commun sur les bords de l'Arc. Avril.

F. parvifolia. Lam. dict. 2, p. 546. Tholonet au pied du *Grand-Cabrié*. Avril.

LILAC. Tournef. inst. 601, t. Lilas.

L. vulgaris. Lam. fl. fr. 2, p. 305. *Lila*. Cultivé et souvent spontané, on le trouve à Cuques dans des fentes de murs. Avril.

OLEA. Tournef. inst. 598, t. 370. Olivier.

O. europæa. L. sp. 11. *Oulivié..* Cultivé et spontané à Cuques et au Montaiguet. Mai.

PHILLYREA. Tournef. inst. 596, t. 367. Philaria.

P. angustifolia. L. sp. 10. *Daradeou*. Commun dans tous les quartiers et sur toutes les rives. Mars, avril.

P. media. L. sp. 10. *Gros daradeou*. Rochers du Montaiguet, au-dessus de *Malouesso,* où il est assez rare. Il abonde à Sainte-Victoire dans le vallon du Chasseur. Avril.

LIGUSTRUM. Tournef. inst. 596, t. 367. Troëne.

L. vulgare. L. sp. 10. *Oulivié fer.* Commun dans les haies. Mai.

Jasminées

Jasminum. Tournef. inst. 597, t. 368. Jasmin.

J. fruticans. L. sp. 9. *Jaoussimen, Scaviho.* Très commun dans les haies. Mai, juin.

J. officinale. L. sp. 7. *Jaoussimen.* Cultivé et récolté dans une carrière abandonnée de la colline des Pauvres. Juin, juillet.

Apocynacées

VINCA. L. gen. ed. 1, n° 180. Pervenche.

V. major. L. sp. 304. Vulg. Grande pervenche. *Gros vioulelié.* Commun sur les rives humides, Cuques au midi. Février, mai.

NERIUM. Lin. gen. 181. Oleandre, ou Nérion.

N. oleander. L. sp. 305. *Laurie roso.* Cultivé et spontané. Eté, automne.

Asclépiadées

VINCETOXICUM. Mœnch. meth. 717. Dompte-Venin.

V. officinale. Mœnch. l. c. *Rèviro-mènu*. Sainte-Victoire, bois de Saint-Marc, Roquefavour dans le vallon le plus rapproché de l'aqueduc. Eté.

Gentianacées.

ERYTHRŒA. Renealm. sp. 77, t. 76. Erythrée.

E. pulchella. Horn. fl. dan. 1, p. 1637. Sur les hauteurs à Rognac ; petit chemin du Tholonet. Juillet.

E. centaurium. Pers. syn. 1, p. 283. Vulg. Petite centaurée. *Centauri, Tres-calen rouge*. Les deux variétés rose et blanche sont communes dans les endroits humides, vallon de Valcros, Repentance. Juillet.

E. spicata. Pers. syn. 1, p. 283. Petit chemin du Tholonet dans les ruisseaux, vallon de Valcros vers le bas. Juin, juillet.

CHLORA. L. gen. 1258. Chlore.

C. perfoliata. L. mant. 10. Bords de l'Arc et généralement dans les endroits humides. Mai-juillet.

Convolvulacées.

CONVOLVULUS. L. gen. 218. Liseron.

C. sepium. L. sp. 218. *Grosso campanetto*. Commun dans les haies, sur les cours d'eau, Fenouillère, ruisseaux voisins de la gare. Eté.

C. arvensis. L. sp. 218. *Courrajolo*. Les trois variétés citées par Garidel à la p. 124 et distinguées par les épithètes de Flore roseo, Purpureo et Candido, sont très communes dans les champs et sur les berges. Eté.

C. althæoides. 6. argyreus. Vallon de Brunet, sur une
rive sèche de la propriété de M. Joseph Vieil. Reconnu
par M. Grenier comme étant une forme différente du C.
althæoides de sa flore de France. Suivant l'éminent bota-
niste, c'est une espèce non encore trouvée en France et signalée seulement en Sicile par Gussone. Mai, juin.

C. cantabrica. L. sp. 225. Commun à Cuques et généralement dans les lieux secs. Eté.

C. lineatus. L. sp. 224. Rive nue sur le petit chemin
du Tholonet près de la campagne de M. Fouyous. Eté.

Cuscuta. Tournef. inst. p. 652, t. 422. Cuscute.
Rasco.

C. epithymum. L. syst. Mun. 140. S'attache au satureia montana, au Jasminum fruticans, plus particulièrement au Thymus vulgaris. Juillet, août.

C. trifolii. Babingt et Gibs. phyt. p. 467. Vient ordi-
nairement sur les trèfles. Juillet, août.

C. alba. Presl. del. Prag. 87. Montaiguet au-dessus du
vallon du Tir, parasite de l'Helianthemum italicum, du
Satureia montana et du Jasminum fruticans. Juin, juillet.

Borraginées.

Borrago. Tournef. inst. p. 133, t. 53. Bourrache.

B. officinalis. L. sp. 197. *Bourragi.* Cultivé et spontané sur les bords de l'Arc et dans les trous des vieux
murs. Printemps.

Symphytum. Tournef. inst. p. 138, t. 56. Consoude.

S. officinale. L. sp. 195. Vulg. Grande Consoude,
Herbe du cardinal. *Auriho d'aï, Erbo de la punaiso.*
Commun dans les prés, aux bords des ruisseaux. Eté.

S. tuberosum. L. sp. 195. Infirmeries ; Torse, bords de l'Arc, plus précoce que la précédente. Avril.

Anchusa. L. gen. 182. Buglosse.

A. officinalis. L. sp. 191. Hameau de Saint-Hilaire et champ des manœuvres à Aix. Mai.

A. undulata. L. sp. 191. Dans un champ d'oliviers au-dessus de l'hôpital. Janvier.

A. italica. Retz. Obs. 1, p. 12. *Bourragi fer*. Commun partout dans les champs incultes. Eté.

Alkanna. infl. od. bot. Zeit. p. 234. Alkanna.

A. tinctoria. Tausch. L. c. Vulgt Orcanête. Indiquée par Garidel dans les champs d'oliviers au-dessus de Saint-Pierre et trouvée par le père Eugène. Juin.

Lithospermum. Tournef. inst. p. 137, t. 55. Gremil.

L. fruticosum. L. sp. 190. Commun sur les collines du Montaiguet et de la Keirié. Mars, avril.

L. purpureo-cœruleum. L. sp. 190. Lieux humides et ombragés.

L. officinale. L. sp. 189. Rive droite de l'Arc, vis-à-vis du vallon du Tir. Août.

L. arvense. L. sp. 190. Commun dans les champs et dans les trous des vieux murs. Printemps, été.

L. Apulum. Vahl. Symb. 2. p. 52. Vallon des Gardes collines des Pauvres.

Echium. Tournef. p. 135, t. 54. Vipérine.

E. pyrenaicum. Dc. 3, p. 621. Dans cet auteur c'est l'E. vulgare γ, fl. carneo. Cette plante est commune dans les environs d'Aix. Voir le *Bulletin de la Société de botanique de France* 25-209, qui lui assigne, avec raison, pour caractère distinctif sa corolle presque régulière et couleur de chair. Eté.

E. Vulgare. L. sp. 200. Très commun aux bords des chemins et dans tous les endroits secs. Eté.

E. pustulatum. Sibth. et sm. prodr. fl. grœc. 125. Repentance, berge à droite entre le château et la campagne de M. Trouche. Eté.

E. creticum. L. sp. 200. Quartier de Fontlèbre dans la haie d'un jardin. Mai.

E. plantagineum. L. mant. 202. Rive g. de l'Arc, un peu en amont des Milles. Mai, juin.

MYOSOTIS. L. gen. 180. Myosotis.

M. hispida. Schelcht. mag. nat. Berl. 8, p. 229. Pinchinats et sur les rives ombragées. Mai.

M. intermedia. Link. Enum. hort. Berol. 1, p. 164. Chemin de Meyreuil et sur les rives fraîches. Mai.

CYNOGLOSSUM. Tournef. inst. 139, t. 57. Cynoglosse.

C. cheirifolium. L. sp. 193. Vulg. Langue de chien. Commun sur toutes les rives. Mai, juin.

C. pictum. Ait. hort. kew. ed. 2. t. 1, p. 291. Aussi commun que le précédent et un peu moins précoce.

C. officinale. L. sp. 192. *Erbo de Nostro-Damo.* Bords de l'Arc, mais très rare. Mai.

OMPHALODES. Tournef. inst. p. 140, t. 58. Ombilic.

O. linifolia. Mœnch. meth. 419. Trouvée une seule fois à la Torse sous la campagne de M. Bédarride. Juin.

ASPERUGO. Tournef. inst. p. 135, tab. 54. Rapette.

A. procumbens. L. sp. 193. Roquefavour, rive g. de l'Arc, un peu en aval de l'aqueduc. Juin.

HELIOTROPIUM. L. gen. 179. Héliotrope.

H. europæum. L. sp. 187. Vulg. Tournesol, Herbe aux

verrues. *Erbo dei touéro, Erbo dei barrugo.* Commun dans les champs. Eté.

H. supinum. L. sp. 187. Indiqué par Castagne dans les environs de Vauvenargues. Juin.

Solanées.

Lycium. L. gen. 262. Lyciet.

L. barbarum. L. sp. 192. Vulg. Jasminoïde. Il forme des haies, particulièrement sur le petit chemin du Tholonet, près de la Torse et sur celui de Berre, avant la chapelle de Saint-Mitre. Printemps, été.

L. sinense. Lam. dict. 3, p. 509. Dans une haie à gauche 4 ou 500 mètres avant le pont des Soldats. Septembre.

L. mediterraneum. Dun. in. Dc. prodr. 13, pars 1. *Arnaveu.* Forme des haies à la Rotonde et tout autour de la ville. Octobre.

Solanum. L. gen. 251. Morelle.

S. villosum. Lam. dict. 4, p. 289. Montaiguet, rive d. du canal du Verdon vis-à-vis des Infirmeries. Septembre.

S. nigrum. L. sp. 266. γ. miniatum. Mert et Koch. Commun sur les bords des chemins autour de la ville. Eté.

S. tuberosum. L. sp. 265. Vulg. Pomme de terre. *Tartifle.* Cultivé et parfois subspontané. Eté.

S. dulcamara. L. sp. 266. Vulg. Douce-amère. Torse près des Infirmeries et bords des ruisseaux. Eté.

S. Melongena. L. sp. 266. Vulg. Aubergine, Melongène, Méringeane. *Mérinjano.* Cultivé. Eté.

S. lycopersicum. L. sp. 265. Vulg. Tomate, Pomme d'amour. *Toumato, Poumo d'amour.* Cultivé. Eté.

CAPSICUM. Tournef. inst. Piment.

C. annuum. L. sp. 270. Vulg. Poivre de Guinée, Poivron. Corail des jardins. *Pebroun.* Cultivé. Eté.

PHYSALIS. L. gen. 250. Coqueret.

P. Alkekengi. L. sp. 262. *Erbo dei ser, Erbo de la cerièso.* Puyricard, entre le village et Move, Pinchinat, dans une vigne près de la campagne de M. de Mougin Roquefort. Juin.

DATURA. L. gen. 246. Datura.

D. stramonium. L. sp. 255. Vulg. Stramoine, Herbe des magiciens, Gerbe du diable, Pomme épineuse. *Darboussièro, Castagnié bastard.* Bords de l'Arc, près de Parade, bords de la Touloubre. Juillet, août.

6. chalibea. Koch. syn. 586. Dans les décombres.

HYOSCYAMUS. L. gen. 247. Jusquiame.

H. niger. L. sp. 457. Vulg. Jusquiame commune, Hanebane. *Saupignaco.* Commun au pied et dans les trous des vieux murs, autour de la ville et dans les campagnes. Mai, juin.

H. albus. L. sp. 257. Vulg. Careïllade. Même habitat, même époque, même dénomination provençale que le précédent et que le suivant.

H. major. Mill. dict. n° 2. Chemin de Meyreuil parmi les décombres et sur les berges, plus rare que les deux précédents.

NICOTIANA. L. Nicotiane.

N. glauca. Græh. Cultivé et spontané, il en a existé un sur le rempart, aujourd'hui démoli, au boulevard du roi Réné pendant plus de quarante ans. Mai, juin.

Verbascées

VERBASCUM. L. gen. 97. Molène.

V. thapsus. L. fl. suec. 69. Vulg. Bouillon blanc.
Bouioun blanc. Montaiguet, Cuques. Juillet, août.

V. australe. Schrad. monogr. 1, p. 28. t. 2. Rive d.
de l'Arc entre la prise d'eau de la Pioline et le Gour de
Martelli. Juillet.

V. sinuatum. L. sp. 254. *Auriho d'aï*. Lieux incultes
ét bords des chemins. Eté.

V. Boerhaavii. L. mant. 45. Vallon des Trois-Bondieux
Cuques au couchant. Montaiguet. Avril, mai.

V. pulverulentum. Vill. Dauph. 2, p. 490. Rive d. de
l'Arc eutre le Pont de l'Arc et le Gour de Martelli. Eté.

V. lychnitis. L. sp. 253. Montaiguet, colline des Pauvres. Eté.

V. blattaria. L. sp. 254. Vulg. Herbe aux mites. *Coua
de reinard*. Commun aux bords des fossés. Eté.

La variété à fleur blanche a été trouvée une seule fois
dans la haie d'un jardin au pont de Béraud.

V. phœniceum. L. sp. 254. Trouvé une seule fois sur
la rive droite de l'Arc à 2 ou 300 mètres en aval du gour
de Martelly. Mai.

Scrophulariacées.

SCROPHULARIA. Tournef. inst. 166. tab. 74. Scrophu-
laire.

S. aquatica. L. sp. 864. Vulg. Herbe du siége, Be-

noite aquatique. *Erbo dòu siégi.* Commun dans les fossés de la Torse, Cuques sur les bords du canal. Juin, juillet.

S. canina. L. sp. 865. Dans les champs incultes des collines, rive g. de l'Arc près du vallon du Tir.

ANTIRRHINUM. Tournef. inst. p. 867, tab. 75. Muflier.

A. Orontium. L. sp. 860. Commun dans les champs. Eté.

A. majus. L. sp. 859. Vulg. Mufle de veau. *Gorgeo de loup.* Les deux variétés rouge et blanche se trouvent çà et là sur les vieux murs autour de la ville. Eté.

A. latifolium. Dc. fl. fr. 5, p. 411. Roquefavour, colline sur la rive g. de l'Arc. Mai.

ANARRHINUM. Desf. fl. atl. 2, p. 51. Anarrhine.

A. bellidifolium. Desf. l. c. Vallon des Masques. Mai.

LINARIA. Tournef. inst. 168, tab. 76. Linaire.

L. cymbalaria. Mill. dict. n° 17. Assez commune autour de la ville, dans les trous des vieux murs humides. Avril, mai.

L. spuria. Mill. dict. n° 15. Vulg. Fausse velvote. *Erbo de Santo Verounico.* Commune dans les champs. Juillet, août.

L. elatine. Desf. atl. 2, p. 37. Rive g. de l'Arc un peu en aval des Infirmeries. Août, septembre.

L. græca. chav. monogr. 108. Rive d'un fossé au nord-est de Romégat, quartier des Loves. Août.

L. vulgaris. Mœnch. meth. 524. Près de la campagne des P. jésuites à Saint-Joseph èt du château d'Albertas. Septembre.

L. italica. Trev. act. leop. cur. 13, p. 188. Saint-Hilaire. Juillet.

L. simplex. Dc. fl. fr. 3, p. 588. Cuques, vallon du cascaveou et autres lieux stériles. Juillet, août.

L. striata. Dc. fl. fr. 3, p. 586. Cuques, pré de Magnan et généralement dans les lieux incultes. Août, septembre.

L. supina. Desf. atl. 2, p. 44. Montaiguet au vallon de Fontgamate, Tholonet près du château, Sainte-Victoire. Mai.

L. minor. Desf. atl. 2, p. 46. Commune sur les bords de l'Arc et au vallon du Coq. Juin, juillet.

L. rubrifolia. Dc. fl. fr. 5, p. 410. Vallon des Gardes au couchant et sur la hauteur, Barret, Collongue. Mai, juin.

GRATIOLA. L. gen. 29. Gratiole.

G. officinalis. L. sp. 24. Vulg. Herbe au pauvre homme *Erbo de la Palun.* Dans la Jouyne, quartier de Saint-Hilaire. Automne.

VERONICA. Tournef. inst. 143, tab. 60. Véronique.

V. teucrium. L. sp. 16. Bords de l'Arc, Fontlèbre, vallon du Saint-Esprit. Mai.

V. beccabunga. L. sp. 16. Commune dans les mares et dans les fossés. Mai, juin.

V. anagallis. L. sp. 16. Même habitat. même époque que la précédente.

V. anagalloides. Gass. ic. rar. p. 5, tab. 3. Dans les fossés sur le chemin de Galice près de la Croix Verte. Mai, juillet.

V. arvensis. L. sp. 18. Dans les champs et sur les rives. Mars, avril.

V. didyma. Ten. fl. nap. prodr. 6. *Bouralen.* Commune aux bords des chemins et dans les trous des vieux murs. Février, mars.

7

V. hederæfolia. L. sp. 19. *Paparudo*. Trous des vieux murs autour de la ville. Février, mars.

DIGITALIS. Tournef. inst. p. 165. tab. 73. Digitale.

D. lutea. L. sp. 867. Sainte-Victoire au levant de *la Baoumo de la Sambuco*. Juin.

EUPHRASIA. Tournef. inst. p. 174, tab. 78. Euphraise.

E. officinalis. L. sp. 841. Vulg. Euphraise, Casse lunettes. Sainte-Victoire, versant nord, près du couvent. Mai, juin.

ODONTITES. Hall. pers. syn. 2, p. 150 Odontite.

O. rubra. Pers. syn. 2, p. 150. Sous l'allée des platanes de la Pioline, du côté de l'Arc. Septembre.

O. serotina. Rchb. fl. exc. 2, p. 359. Rive gauche de l'Arc près de la prise d'eau du moulin de la Pioline. Septembre, octobre.

O. viscosa. Rchb. fl. exc. 360. Cuques, colline *dei dedaou*, bords de l'Arc. Septembre, octobre.

O. lutea. Rchb. fl. exc. 359. Même habitat, même époque que la précédente à côté de laquelle elle croît en abondance.

TRIXAGO. Stev. mem. mosq. 6, p. 4. Trixage.

T. apula. stev. l. c. Cuques, quelques mètres avant la campagne de M. Crémieux. Avril.

EUFRAGIA. Griseb. ibid. spic. rum. 2, p. 13. Eufragie.

E. latifolia. Griseb. ibid. Bords de l'Arc, vallon de la Guiramande. pelouse sur le chemin, entre le hameau de Luynes et celui de Turen. Mars, avril.

RHINANTHUS. L. gen. 740. Rhinanthe.

R. minor. Ehrh. l. c. Vulg. Crête de Coq, Cocriste. *Ardeno*. Prairies de la Torse et du Tholonet. Mai.

PEDICULARIS. Tournef. inst. p. 171. tab 77. Pédicu-
laire.

P. palustris. L. sp. 845. Marais de Raphèle. Septembre.

MELAMPYRUM. Tournef. inst. 173, tab. 78. Mélampyre.

M. arvense. L. sp. 842. Dans les moissons à la Gar-
diole. Juin.

Orobanchées.

PHELIPÆA. C. A. Meyer in Ledeb. Philipée.

P. cœrulea. C. A. Meyer, en cauc. 104. Sainte-Victoire. Juin.

P. cæsia. Reut. in Dc. prodr. 11, p. 6. Champ inculte
au couchant du vallon du Cascaveou. Juin.

P. lavandulacea. F. Schul. Petit Arbois. Mai.

P. Muteli. Reut. in Dc. prodr. 11, p. 8. Fontlèbre,
sur les racines de luzerne ; Cascaveou, sur le thym. Mai,
juin.

P. ramosa. C. A. Meyer. Sur les racines du tabac, Saint-
Hilaire. Août.

OROBANCHE. L. gen. 779. Orobanche.

O. rapum. Thuill. ed. 2, 317. Dans une vigne au levant de la campagne de M. Guiran, quartier de Brunet.
Juin.

O. variegata. Wallr. Orob. diasc. p. 40. Saint-Victoire,
un peu en-dessous du couvent. Juin.

O. epithymum. Dc. fl. fr. 3, p. 490. Cuques, Repentance. Mai.

O. rubens. Wallr. Brunet ; même époque, même habitat que l'O. rapum ci-dessus.

O. major. L. fl. suec. 561. Lit de l'Arc en aval des Milles. Juin.

O. cervariæ. Suard, in Godr. fl. lorr. 2, p. 480. Bords de l'Arc. Juin.

O. artemisiæ. Vauch. mon. 62, tab. 13. Vallon du Marbre-Noir, au haut des rochers à droite en montant, sur les racines du *Brachipodium ramosum*. Mai.

O. hederæ. Vauch. mon. 56, tab. 8. Torse, derrière la campagne de M. Pontier, notaire. Mai, juin.

O. minor. Sutton, trans. lin. 4, p. 478. Mauret, près de la campagne de M. Fabry. Juin.

O. amethystea. Thuill. fl. par. ed. 2, p. 347. Plateau au nord de Repentance et dans beaucoup d'autres localités, sur les racines de l'*Eryngium campestre*. Mai.

Labiées.

OCYMUM. L. Basilic.

O. basilicum. L. sp. 833. *Balico*. Cultivé et spontané. Eté.

LAVANDULA. L. gen. 711. Lavande.

L. spica. L. sp. *Lavando*. Très abondante à Sainte-Victoire, plus rare dans la plaine au quartier de Celony, au vallon du Laurier. Printemps, été.

L. latifolia. Vill. Dauph. 2, p. 363. *Aspi* ou *Espi*. Abonde sur toutes nos collines. Printemps, été.

MENTHA. L. gen. 294. Menthe.

M. rotundifolia. L. sp. 805. *Mento, mentastro*. Prairies de la Rotonde, bords de l'Arc et de tous les cours d'eau. Eté.

M. sylvestris. L. sp. 804. Bords de l'Arc. Eté.

M. viridis. L. sp. 804. Vallon de Saint-Jacques, au midi de la campagne de M. Paul. Août.

M. nepetoides. Lej. rev. fl. Spa, p. 16. Rive d. de l'Arc en amont du pont de l'Arc. Juillet.

M. aquatica. L. sp. 805. Rive d. de l'Arc, en amont du pont des Trois-Sautets et en aval des Infirmeries. Juillet.

M. pulegium. L. sp. 807. *Pulegi*. Bords des cours d'eau, quelquefois aussi dans les endroits secs, comme dans le vallon du Coq. Eté.

LYCOPUS. L. gen. 33. Lycope.

L. europæus. L. sp. 30. Vulg. Pied de loup, Marrube d'eau. Commun sur les cours d'eau. Eté.

ORIGANUM. Mœnch. meth. 137. Origan.

O. vulgare. L. sp. 824. *Ourigau, majurano fero*. Très rare sur une berge du quartier de *Saouto-lèbre*.

6. prismaticum. Gaud. helv. 4, p. 78. Cette variété abonde dans la traverse de Saint-Pierre, sur la berge à droite en descendant à la Torse et généralement dans les pelouses. Juin, juillet.

THYMUS. Benth. lab. 340. Thym.

T. vulgaris. L. sp. 825. *Farigoulo*. Commun sur toutes nos collines. Avril, mai.

6. micranthus. Cette variété est probablement celle désignée par Tournefort δ. capitulis minoribus (inst. 196.) Les anciens botanistes n'ont signalé que l'extrême petitesse des capitules et les botanistes modernes ne l'ont pas même mentionnée, cependant elle est remarquable en ce qu'elle

est quelquefois polygame, le plus souvent femelle. Elle est aussi commune que le type.

T. serpyllum. γ. confertus. Vulg. Serpolet. *Sarpoulé, Farigouleto*. Commun sur les pelouses. Eté.

Hyssopus. L. gen. 709. Hysope.

H. officinalis. L. sp. 796. *Mariarmo*, selon Garidel, mais aujourd'hui appelée généralement *isop*, par les gens de la campagne. Puyricard près du pont de la Touloubre, environs du village de Meyreuil. Août, septembre.

Satureia. L. gen. 707. Sarriette.

S. hortensis. L. sp. 795. Champs incultes et bords de l'Arc. Septembre.

S. montana. L· sp. 794. *Pebre d'aï*. Très abondant dans tous les endroits secs. Eté.

Calamintha. Mœnch. meth. 408. Calament.

C. nepeta. Link et Hoffm. fl. port. 1, p. 141. *Manugueto*. Commun aux bords des champs et des chemins. Eté et automne.

V. micrantha. fleurs plus petites et toutes femelles. Commune à Cuques et au vallon de Saint-Mitre.

C. acinos. Clairv. in Gaud. hel. 4, p. 84. Cuques et autres lieux secs. Juillet, août.

C. clinopodium. Benth. l. c. Bords de l'Arc et autres endroits frais et ombragés. Juillet, août.

Melissa. L. gen. 728. Mélisse.

M. officinalis. L. sp. 827. Vulg. Citronelle, Piment des mouches à miel. *Pouncirado*. Derrière le château du Tholonet, prairies voisines de Vauvenargues. Juillet.

Horminum. L. gen. 730. Horminelle.

H. pyrenaicum. L. sp. 831. Trouvé une fois sur les

bords de l'Arc, probablement apporté par les laines des Pyrénées. Juillet.

ROSMARINUS. L. gen. 38. Romarin.

R. officinalis. L. sp. 33. *Roumanieu, Roumanin*. Commun sur toutes nos collines. Mars, mai.

SALVIA. L. gen. 39. Sauge.

S. officinalis. L. sp. 34. *Sauvi*. Spontané ou du moins acclimatée dans les lieux secs, loin des habitations. Eté.

S. sclarea. L. sp. 38. Vulg. Sclarée, Orvale toute bonne. Vallon de Brunet, Montaiguet dans le vallon du Tir, sur les bords des chemins. Juin, juillet.

S. æthiopis. L. sp. 39. Saint-Hilaire. Juillet.

S. pratensis. L. sp. 35. *Bouens ome*. Commun dans les prés et sur les bords de l'Arc. Eté.

S. verbenaca. L. sp. 35. Rives sèches. Mai, juin.

S. horminoides. Pourr. act. toul. 3, p. 327. Bords des chemins et de l'Arc. Mai, juin.

NEPETA. L. gen. 710. Népéta..

N. nepetella. L. sp. 797. Puyricard bords des chemins, aux environs du pont de la Touloubre. Septembre.

N. cataria. L. sp. 796. Vulg. La chataire ou l'herbe aux chats. *Erbo dei cat*. Abonde au quartier de Fontlèbre. Octobre.

GLECHOMA. L. gen. 714. Gléchome.

G. hederacea. L. sp. 807. Vulg. Lierre terrestre. Torse, bords des ruisseaux et lieux ombragés. Mai.

LAMIUM. L. gen. 716. Lamier.

L. amplexicaule. L. sp. 809. Très commun dans les champs, aux bords des chemins et dans les trous des vieux murs. Mars.

L. purpureum. L. sp. 809. Lieux frais et ombragés. Mai.

L. maculatum. L. sp. 809. Petit Sambuc. Juin.

GALEOPSIS. L. gen. 717. Galéopsis.

G. angustifolia. Ehrh. 137. Commun dans les champs. Juin, juillet.

STACHYS. L. gen. 719. Epiaire.

S. germanica. L. sp. 812. Grande Durane, enclos de Galice. Juillet.

S. palustris. L. sp. 811. Rognac, bord de l'étang. Septembre.

S. annua. L. sp. 813. Vallon de Valcros, rive droite de la Luyne.

S. recta. L. mant. 82. Commune sur les bords de l'Arc, ainsi que sur les rives sèches. Juin, juillet.

BETONICA. L. gen. 718. Betoine.

B. officinalis. L. sp. 810. Hameau de Saint-Hilaire. Mai.

BALLOTA. L. gen. 720. Ballote.

B. fœltida. Lam. fl. fr. 2, p. 384. Vulg. Marrube noir Marrubin. Abonde partout sur les bords des chemins. Mai juin.

V. flore. albo (c'est le ballota alba de L.) récolté au mois de juin dans le lit méme de la Torse, quelques mètres en amont du pont de Béraud.

PHLOMIS. L. gen. 725. Phlomide.

P. lychnitis. L. sp. 819. *Embouisso, Sauvi fero, Sauvio jauno.* Commun sur la colline des Pauvres, près de la Keirié, butte des Trois-Moulins au levant. Juin, juillet.

P. herba-venti. L. sp. 819. *Erbo battudo*. Commun à Saint-Donat, au quartier du Défens. Juin, juillet.

SIDERITIS. L. gen. 712. Crapaudine.

S. romana. L. sp. 802. Commun dans les lieux secs et sur les bords des chemins. Mai, juin.

S. hirsuta. L. sp. 802. *Boueno bruisso*. Abonde sur toutes nos collines et aux bords de l'Arc. Nous n'avons ici que le *sideritis scordioides*. δ. *hirsuta* de Dc. fl. fr. 3, p. 532, qui est le S. hirsuta de Gr. et Godr. Le S. scordioides de ces auteurs n'a pas encore été trouvé dans notre territoire. Eté.

S. montana. L. sp. 802. Saint-Hilaire. Juillet.

MARRUBIUM. L. gen. 724. Marrube.

M. vulgare. L. sp. 846. *Bouen riblé, Mentastre*. Commun aux bords des chemins et dans les champs incultes. Eté.

M. peregrinum. L. sp. 847. V. creticum. (Mill.). Hameau des Cayols entre Aix et Marseille, dans un champ inculte et dans un autre pavé de cailloux servant d'aire. Juillet. Mentionné par Garidel, p. 306, sous le nom de M. album villosum. Cet auteur cite, comme Linné, la figure 230 du Pinax de G. Bauhin et indique deux autres localités, il a quelque fois un mètre de hauteur.

MELITTIS. L. gen. 734. Mélitte.

M. melissophyllum. L. sp. 832. *Melisso fero*. Bois de Saint-Marc, Prégnon, colline des Pauvres au-dessus de la campagne de M. Frankou. Mai, juin.

BRUNELLA. Tournef. inst. 1, p. 182, tab. 84. Brunelle.

B. hyssopifolia. C. Bauh. pin. 264. Bords de l'Arc, Montaiguet dans le vallon de Lévèze. Juin, juillet.

B. vulgaris. Mœnch. meth. 414. Les deux variétés de

Gr. et Godr. α. genuina. et δ. pennatifida sont communes dans les endroits couverts. Mai, juin.

B. alba. Pall. ap. Bieb. taur-cauc. 2, p. 67. La V. *integrifolia* se trouve au quartier de Saoutelèbre. Juin, juillet.

La *Var. pennatifida* est plus commune que la précédente et se trouve sur les bords de l'Arc, à Mauret. Juin, juillet.

AJUGA. L. sp. 785. Bugle.

A. reptans. L. sp. 785. *Buglo, Erbo de Santo-Margarido.* Bords des prairies, Infirmeries, vallon de Valcros. Mai, juin.

A. chamæpitys. Schreb. unilab. p. 24. *Calapito.* Commun dans les guérets, Cuques. Printemps, été.

A. iva. Schreb. unilab. 25. Vulg. Ivette musquée. Bords des chemins, rives sèches. Eté.

TEUCRIUM. L. gen. 706. Germandrée.

T. botrys. L. sp. 786. Vulg. Germandrée femelle. Tholonet aux Infernets. Juin.

T, scordium. L. sp. 790. Vulg. Germandrée aquatique, Chamarsas. Vallon de la Durane, de Valcros aux bords des ruisseaux. Juin, juillet.

T. chamædrys. L. sp. 790. Vulg. Petit chêne. *Calamandrié, Pichoun chaïne.* Commun sur les rives, vallon du Coq, Peirières, Cuques. Eté.

T. flavum. L. sp. 791. Commun au Tholonet, au couchant de la campagne des Pères jésuites, au Prégnon. Mai, juin.

T. montanum. L. sp. 791. Cuques, Montaiguet et autres collines du territoire. Eté.

T. aureum. Schreb. Unilab. p. 43. Sainte-Victoire, Tholonet près du barrage. Eté.

T. polium. L. sp. 792. Sur les collines et aux bords de l'Arc. Eté,

Acanthacées.

ACANTHUS. Tournef. inst. tab. 80. Acanthe.

A. mollis. L. sp. 891. Vulg. Acanthe, Brancursine. *Acanto*. Cultivé et subspontané autour de quelques habitations abandonnées. Eté.

Verbénacées,

VERBENA. Tournef. inst. tab. 94. Verveine.

V. officinalis. L. sp. 29. *Varveno, Erbo de la barben.* Commune sur toutes les rives. Eté.

VITEX. L. gen. 790. Gattilier.

V. agnus-castus. L. sp. 890. Vulg. Arbre au poivre. *Pebrié*. Cultivé et indiqué par Garidel comme spontané dans le territoire d'Aix et du Tholonet. Eté.

Plantaginées.

PLANTAGO. L. gen. 142. Plantain.

P. major. L. sp. 163. Lieux incultes et rives. Eté, automne.

P. intermedia. Gilib. pl. europ. 1, p. 125. Bords de l'Arc et lieux frais. Garidel n'a pas distingué de la précédente, cette plante qui est beaucoup moins commune dans notre territoire. Les provençaux les confondent également sous la dénomination commune de *Plantagi.*

P. media. L. sp. 163. Très commun à Fenouillère, aux Infirmeries et au quartier du Défens. Eté.

P. coronopus. L. sp. 166. Bords des chemins. Eté.

P. serpentina. Vill. Dauph. 2, p. 304. Bords de l'Arc, petit chemin du Tholonet. Juin, juillet.

P. lagopus. L. sp. 165. Lieux secs et incultes, Trois-Moulins. Juillet, août.

P. lanceolata. L. sp. 164. *Auriho de lebre, Lengo de cat*. Commun dans les prés et sur les chemins. Mai, juin.

P. argentea. Chaix in Vill. Dauph. 1, p. 376. Sainte-Victoire, versant nord. Mai, juin.

P. albicans. L. sp. 165. Chemin de Berre, rive droite en venant d'Aix, 50 ou 60 mètres après la campagne de M. Champsaur. Avril, mai.

P. psyllium. L. sp. 167. Vulg. Herbe aux puces. *Badaflo*. Lieux secs et incultes. Mai.

P. arenaria. Valdst et Kit. rar Hung. 51, tab. 51. Dans les champs sablonneux, près du moulin *destesta* et surtout dans le champ des manœuvres. Mai, juin.

Plumbaginées.

ARMERIA. Willd. enum. hort. berol. 333. Armeria.

A. bupleuroides. Godr. et Gr. fl. fr. t. 2, p. 736. Sainte-Victoire, prairie montagneuse au levant de la *Baumo de la Sambuco*. Juin.

STATICE. Willd. enum. hort. berol. 335. Statice.

S. bellidifolia. Gouan, fl. monsp. 231. Près de Rognac. Juin.

S. echioides. L. sp. 394. Dans un champ inculte,

près du hameau de Saragousse entre Velaux et Rognac. Juin.

PLUMBAGO. Tournef. inst. p. 140. Dentelaire.

P. europæa. L. sp. 215. *Erbo enrabiado, Erbo dei rascas*. Cuques, vallon de Brunet, rives sèches et pied des vieux murs. Août et septembre.

Globulariées.

GLOBULARIA. L. gen. 112. Globulaire.

G. vulgaris. L. sp. 139. Cuques, vallon du chicalon, colline *dei Dedaou*. Mai.

G. cordifolia. L. sp. 139. Sainte-Victoire, près du couvent. Mai.

G. alypum. L. sp. 139. Repentance, Montaiguet. Mars et souvent en Septembre.

4ᵐᵉ CLASSE. — MONOCHLAMYDÉES.

Phytolaccées.

PHYTOLACCA. L. gen. 588. Phytolaque.

P. decandra. L. sp. 631. *Rasiné*. Spontané et naturalisé dans les jardins et autour des habitations. Juillet-septembre.

[Amarantacées.

AMARANTUS. L. gen. 1060. Amarante.

A. deflexus. L. Mant. 295. Commun sur les bords des chemins et autour de la ville. Septembre, octobre.

A. blitum. L. sp. 1405. Même habitat, même époque que le précédent.

A. sylvestris. Desf. cat. 44. Lieux incultes, vallée des Pinchinats entre les deux moulins. Août, septembre.

A. patulus. Bertol. Comm. it. neap. 19. tab. 2. Commun autour de la ville, dans le pré vis-à-vis du boulevard du roi René. Août.

A. retroflexus. L. sp. 1407. Commun autour de la ville, dans les décombres, notamment au bout de la Rotonde dans la ruelle derrière la fabrique de chapeaux. Septembre.

A. albus. L. sp. 1404. Bords de l'Arc et aux bords des chemins autour de la ville. Septembre, octobre.

POLYCNEMUM. L. gen. 53. Polycnème.

P. majus. Al. Br. in Koch. syn. ed. 2, p. 695. Commun dans les guérets. Eté.

Salsolacées.

ATRIPLEX. Tournef. inst. p. 506, tab. 288. Arroche.

A. hortensis. L. sp. 1493. *Harmau.* Cultures, bords de l'Arc. Eté.

A. halimus. L. sp. 1492. Commun autour de la ville où il forme des haies. Août, septembre.

A. hastata. L. sp. 1494. Dans les haies et aux bords des champs. Juillet, août.

A. patula. L. sp. 1494. Même habitat, même saison que le précédent.

A. littoralis. L. sp. 1494. Dans les champs. Juillet, août.

SPINACIA. Tournef. inst. p. 533., tab. 308. Epinard.

S. glabra. Mill. dict. n° 2. *Espinard*. Cultivé et souvent subspontané. Printemps.

S. oleracea. L. sp. 1456. Peu cultivé aujourd'hui. Trouvé subspontané dans un champ au quartier de Malouesso. Mai.

BETA. Tournef. inst. p. 501, tab. 286. Bette.

B. vulgaris. L. sp. 322. *Bledo, Couesto, Erbeto*. Cultivée dans les jardins et spontanée sur les berges, aux bords des chemins et dans les prés qui en sont quelquefois envahis. Juin, septembre.

CHENOPODIUM. L. gen. 309. ansérine.

C. botrys. L. sp. 320. Vulg. Botrys, Piment. *Erbo dei tigno*. Commun sur les bords de l'Arc, vis-à-vis des Infirmeries. Août, septembre.

C. polyspermum. L. sp. 321. Près de la Pioline, champs cultivés près de Monplaisir. Août, septembre.

C. vulvaria. L. sp. 321. Vulg. Vulvaire, Arroche puante. *Poumbroyo*. Bords des chemins autour de la ville. Eté.

C. album. L. sp. 319. Vallon de Brunet près du chemin d'Avignon, bords de l'Arc. Eté.

C. opulifolium. Schrad. in Dc. fl. fr. 5, p. 372. Jardin de Grassi. Mai.

C. hybridum. L. sp. 319. Bords des chemins. Août, septembre.

C. murale. L. sp. 318. Jardin de Grassi, vallon de Brunet, bords des chemins. Automne.

CAMPHOROSMA. L. gen. 164. Camphrée.

C. monspeliaca. L. sp. 178. *Canfarata, Canfourado.* Très commune sur toutes les rives sèches. Juillet, août.

CORISPERMUM. Ant. de Jass. act. ac. 1712, 185. Corisperme.

C. hyssopifolium. L. sp. 6. Bords de la Durance, près de Meyrargues. Juillet, août.

SUÆDA. Forsk. fl. egypt. 69. Suéda.

S. maritima. Dumort. fl. belg. 22. Bords de l'étang de Berre. Août.

SALSOLA. Gœrtn. fruct. 1, p. 359. tab. 5. Soude.

S. Kali. L. sp. 322. Pont de l'Arc en amont du pont des Trois-Sautets. Août, septembre.

S. tragus. L. sp. 322. Bords de l'Arc, entre le pont de l'Arc et les Milles (rive droite). Août, septembre.

S. soda. L. sp. 323. Bords de l'étang de Berre. Août.

Polygonées,

RUMEX. L. gen. 451. Rumex.

R. pulcher. 6. hirtus. L. sp. 477. Petit chemin du Tholonet. Juin.

R. Friesii. Gr. et Godr. fl. fr. 3, p. 36. Commun dans les ruisseaux et aux bords des prés. Juillet, août.

R. conglomeratus. Murr. prodr. gœt. 52. Bords des ruisseaux et lieux humides. Juillet, août.

R. nemorosus. Schrad. ex Willd. en. 1, p. 397. Dans le ruisseau au-dessus de l'hôpital. Juillet, août.

R. crispus. L. sp. 476. Lieux humides, ruisseau au couchant de la campagne de Mme Janet. Août.

R. acetosa. L. sp. 481. Vulg. Oseille. *Aigretto.* Cultivé dans les Jardins et quelquefois spontané. Mai, juin.

R. thyrsoides. Desf. atl. 1, p. 321. Dans les lieux secs et sur toutes les collines des environs. Eté.

POLYGONUM. L. gen. 495. Renouée.

P. amphibium. L. sp. 517. Lit de la Touloubre près de la Calade. Juin, septembre.

P. persicaria. L. sp. 518. Vulg. Persicaire, Pélingre. *Erbo de sant Christau.* Bords de l'Arc et mares de Fenouillères. Eté.

P. hydropiper. L. sp. 517. Fossés entre le Mas-neuf et le chemin de fer. Septembre.

P. aviculare. L. sp. 519. Vulg. Trainasse, Centinode, Achée. *Tirasso, Erbo dei passeroun, Lengo de passeroun.* Dans les champs, sur les chemins et dans les rues. Eté.

P. Bellardi. All. ped. 2, p. 207. Les Milles, Roquefavour en aval de l'aqueduc. Eté.

P. convolvulus. L. sp. 522. Commun sur les bords de l'Arc dans les champs et dans les jardins. Eté.

P. fagopyrum. *Mei negre.* Cultivé et subspontané. Juillet.

Dapnoïdées.

DAPHNE. L. gen. 485. Daphné.

D. laureola. L. sp. 510. Montagne du Pilon du roi près de Château-Bas. Avril.

D. alpina. L. sp. 510. Indiqué par Castagne à Sainte-Victoire et retrouvé par nous dans cette localité le 26 juin 1869.

D. gnidium. L. sp. 511. Vulg. Garou, Sain-Bois. *Boues deis auriho, Purgeto*. Vallon du Coq, du Laurier, Tholonet. Eté.

Passerina. L. gen. 487. Passerine.

P. annua. Spreng. Syst. 2, p. 239. Bords de l'Arc près de Parade et ailleurs. Eté.

Laurinées.

Laurus. inst. p. 597, t. 367. Laurier.

L. nobilis. L. sp. 529. Vulg. Laurier franc, Laurier commun, Laurier sauce, Laurier à jambon. *Laurié*. Cultivé et naturalisé, particulièrement dans le vallon du Laurier qui en a reçu son nom. Avril.

Santalacées.

Thesium. L. gen. 292. Thésion.

T. divaricatum. Jan. ap. m. k. Desc. fl. 2, p. 285. Commun dans les endroits secs et incultes. Mai, juin.

Osyris. L. gen. 1101. Osyris.

O. alba. L. sp. 1450. Vulg. Rouvet. *Genestoun, Brus fer*. Bords de l'Arc et des chemins, dans les haies. Avril, mai.

Eléagnées.

Hippophae. L. gen. 1106. Argoussier.

H. Rhamnoides. L. sp. 1452. *Aigo spouncho, Aigo*

pounicho. Commun dans les Iscles et sur les bords de la Durance. Avril, mai.

ELÆAGNUS. L. gen. 159. Chalef.

E. angustifolius. L. sp. 176. *Sauze musca.* Cultivé et subspontané. Mai.

Citynées.

CYTINUS. L. gen. 1232. Cytinet.

C. hypocistis. L. syst. veg. 826. *Greou de Massugo.* Grand Sambuc. Avril. Parasite du Cistus incanus.

Aristolochiées

ARISTOLOCHIA. Tournef. inst. p. 162, tab. 61. Aristoloche.

A. clematitis. L. sp. 1364. Vulg. Sarasine, Aristoloche. *Fouterlo.* Peyrollés, bord d'un champ au faubourg, du côté de Jouques. Mai.

A. pistolochia. L. sp. 1364. *Gouderlo.* Çà et là sur les rives, bois de Saint-Marc. Avril, mai.

A. rotunda. L. sp. 1364. Rive droite de l'Arc, tout près des Moulins-Forts. Mai.

Euphorbiacées

EUPHORBIA. L. gen. 609. Euphorbe.

E. chamæsyce. L. sp. 652. Champs frais ou arrosés, spontané dans les jardins et surtout dans le séchoir à laines de Crémieux, entre les cailloux. Eté.

E. helioscopia. L. sp. 658. Vulg. Réveille-Matin. Dans les guérets et sur les rives. Avril, mai.

E. pubescens. Desf. atl. 4, p. 386. Roquefavour, biais sur la rive droite de l'Arc. Juillet.

E. verrucosa. Lam. dict. 2, p. 434. Dans les prairies du Prégnon. Mai, juin.

E. spinosa. L. sp. 655. Montaiguet, entrée du vallon du Mayol, à droite en montant. Mai.

E. gerardiana. Jacq. fl. austr. 5, p. 17, tab. 436. Bois de Saint-Marc, vallon de Parrouvié, Montaiguet au couchant de la Simone. Juin, juillet.

E. pithyusa. L. sp. 656. Bords de l'étang de Berre près de Rognac. Mai.

E. nicæensis. All. ped. 4, p. 285, tab. 69. Montaiguet au-dessus de la campagne de M. Pissin et dans le vallon de la mure. Mai.

E. esula. L. sp. 660. Champs incultes à Puyricard et à Luynes. Mai, juin.

E. tenuifolia. Lam. dict. 2, p. 428. Tholonet, dans les moissons. Mai, juin.

E. serrata. L. sp. 658. Champs incultes et bords des chemins. Mai, juin.

E. aleppica. L. sp. 657. Rive droite de l'Arc vis-à-vis de Parade, environ deux kilomètres en aval des Milles. Septembre.

E. Cyparissias. L. sp. 661. Champs incultes, bords des chemins Cuques, près de la fosse d'extraction. Avril, mai.

E. exigua. L. sp. 654. Pelouse du chemin sur la rive d. de l'Arc, près du gour de Martelly. Eté.

E. sulcata. Delens in Lois. Gall. 4, p. 339. Vallons du Cascaveau et de la Guiramande.

E. falcata. L. sp. 654. Commun dans les champs. Eté.

E. taurinensis. All. ped. 1, p. 287. Vallon des Gardes ; Tholonet dans les moissons. Eté.

E. peplus. L. sp. 658. Commun dans les jardins et dans les champs cultivés. Février, mars.

E. peploides. Gouan, fl. monsp. 174. Tholonet dans la pelouse qui est au levant du château. Mai, juin.

E. segetalis. L. sp. 657. Assez commun dans les cultures. Eté.

E. amygdaloides. L. sp. 662. Commun sur les bords de l'Arc dans les endroits ombragés. Avril, mai.

E. characias. L. sp. 662. *Grosso lanchouso.* Rives sèches, endroits pierreux et fentes de rochers. Eté.

E. lathyris. L. sp. 655. Vulg. Eparge, Catapuce, Grande ésule. Parfois spontané dans les jardins. Eté.

MERCURIALIS. Tournef. inst. 308. Mercuriale.

M. annua. L. 1465. Vulg. Voireuse, Vignette, *Mercuriau, Balicot fer.* Champs incultes, bords des chemins. Mars, avril.

CROZOPHORA. Neck. elem. n° 1127. Crozophore.

C. tinctoria. Juss. in Spreng. syst. 3, p. 850. *Moureleto.* Commun dans les cultures. Eté.

BUXUS. Tournef. inst. 345. Buis.

B. sempervisrens. L. sp. 394. *Bouis.* Sainte-Victoire, Tholonet au Grand-Cabri. Mars, avril.

Morées

MORUS. Tournef. inst. 589. tab. 362. Mûrier.

M. alba. L. sp. 1398. *Amourié.* Cultivé. Mai.

M. nigra. L. sp. 1398. *Amourié dei bouen*. Le fruit s'appelle *Amouro de malau*, *Amouro de présent*. Cultivé. Mai.

FICUS. Tournef. inst. p. 662. tab. 420. Figuier.

F. carica. L. sp. 1513. *Figuiero*. Cultivé et spontané dans des endroits loin de toute habitation. Mai, juin.

Celtidées

CELTIS. Tournef. inst. p. 612, tab. 383. Micocoulier.

C. australis. Vulg. Micocoulier de Provence. *Falabreguier, Bregoulié*. Cultivé et spontané au vallon de la Mure. Avril.

Le Micocoulier de la place des Quatre-Dauphins abattu le 27 avril 1861, parce que son vieux tronc pourri était devenu menaçant pour la sûreté publique, mesurait à hauteur d'homme, 6 mètres 60 centimètres et dépassait de beaucoup les maisons les plus élevées de cette place. De Candolle le cite dans sa fl. fr. 3, p. 344. comme un des plus beaux de cette espèce.

Ulmacées

ULMUS. L. gen. 346. Orme.

U. campestris. Smith, Engl. fl. 2, p. 20. *Oume*. C'est celui de toutes nos promenades ; mais qui tend à disparaître, parce qu'il est attaqué par le ver blanc. Février, mars.

U. montana. Smith, Engl. fl. 2, p. 22. Il y en a deux sur le chemin de Vauvenargues à l'entrée du château de la Pinette.

Urticées

URTICA. Tournef. inst. p. 514, tab. 308. Ortie. *Ourtigo.*

U. urens. L. sp. 1396. Bords des routes et jardins. Eté.

U. dioica. L. sp. 1396. Bords des chemins et des ruisseaux autour de la ville. Eté.

U. pilulifera. L. sp. 1395. Saint-Marc près du château ; Roquefavour, rive g. de l'Arc, un peu en aval de l'aqueduc. Mai.

PARIETARIA. Tournef. inst. p. 509. tab. 289. Parietaire. *Espargoulo.*

P. erecta. M. K. Dtsch. fl. 1, p. 827. Sur les murs et dans les haies. Mai, juin.

P. diffusa. ibid. Vieux murs exposés au midi. Mai, juin.

P. lusitanica. L. sp. 1492. Roquefavour, rive g. de l'Arc sur les rochers qui bordent la route et dans le vallon du Duc entre Rognac et Velaux. Mai.

Cannabinées

CANNABIS. Tournef. inst. 555. tab. 309. Chanvre.

C. sativa. L. sp. 1457. *Canèbe.* Cultivé et subsponné. Eté.

HUMULUS. L. gen. 1116. Houblon.

H. lupulus. L. sp. 1457. *Houbeloun.* Pinchinats, Fenouillères. Juin, juillet.

Juglandées

JUGLANS. L. gen. 1071. Noyer.
J. regia. L. sp. 1415. *Nouguié*. Cultivé. Mai.

Cupulifèrées

FAGUS. Tournef. inst. 584, tab. 351. Hêtre.
F. sylvatica. L. sp. 1416. *Faou, Faïar*. Cultivé. Les plus beaux spécimens du genre se trouvent dans le parc de la Sextia. Avril, mai.

CASTANEA. Tournef. inst. 588, tab. 362. Châtaignier.
C. vulgaris. Lam. dict. 1, p. 708. *Castagnié*. Tholonet, Grand-Cabri au levant et cultivé à la Simone. Mai, juin.

QUERCUS. Tournef. inst. 852, tab. 349. Chêne.
Q. sessiliflora. Sm. fl. brit. 3, p. 1026. *Roure*. Ainsi que les deux suivants. Commun partout, particulièrement sur les bords de l'Arc. Avril.

Q. pubescens. Willd. sp. 4, p. 450. Bords de l'arc. Avril.

Q. pedunculata. Ehrh. n° 77. Pont du Coq, sur le chemin, vis-à-vis de la campagne de M. Chiris. Mai.

Q. ilex. L. sp. 1412. Vulg. Yeuse, Chêne vert. *Eouve*. Commun sur toutes nos collines. Avril, mai.

Q. Auzandri. Gr. et Godr. fl. fr. 3, p. 119. Repentance sur le bord de la route, quartier de la Félicité et du Seuil. Avril.

Q. coccifera. L. sp. 1413. Vulg. Chêne au Kermès. *Avausse.* C'est sur les rameaux de cet arbuste que vit le Kermès (coccus ilicis. S.) autrefois récolté pour la teinturerie qui l'employait pour la couleur écarlate.

CORYLUS. Tournef. inst. p. 22, tab. 347. Coudrier.

C. avellana. L. sp. 1417. Vulg. Noisetier. *Avelanié.* Dans les endroits ombragés, les Pinchinats, versant nord du Montaiguet, vallon de Valcros. Janvier, février.

Salicinées

SALIX. Tournef. inst. p. 590, tab. 368. Saule.

S. alba. L. sp. 1449. *Sauze..* Commun autour de la ville et aux bords des prairies. Avril, mai.

6. vitellina. ser. sal. 83. *Aumarino.* Dans les prés de la Rotonde et généralement dans les lieux frais. Avril, mai.

S. babylonica. L. sp. 1443. Vulg. Saule pleureur. *Sauze plourour.* Cultivé. Avril, mai.

S. amygdalina. L. sp. 1443. Rive g. de l'Arc, cent mètres environ en aval des Infirmeries. Avril, mai.

S. incana. Schrank, baier. fl. 1, p. 230. Abonde sur les bords de l'Arc, particulièrement vis-à-vis du vallon du Tir. Mars, avril.

S. purpurea. L. sp. 1444. Bords de l'Arc, Tholonet au bord de l'eau. Mars, avril.

γ. Helix. Bord du canal, tout près de la campagne de Mme de Classis.

S. viminalis. L. sp. 1448. Fénouillére au bord d'un ruisseau. Mars.

S. cinerea. L. sp. 1449. Rive gauche de la Luyne en amont et en aval du hameau ; Torse. Mars.

POPULUS. Tournef. inst. 592, tab. 365. Peuplier.

P. alba. L. sp. 1463. Vulg. Ypréau, Peuplier blanc de Hollande. *Aubo*. Bords de l'Arc, allées du Tholonet. Février, mars.

P. nigra. L. sp. 1464. Vulg. Léard, Liardier, Peuplier franc. *Piboulo*. Le long des cours d'eau, bords de l'Arc, Torse. Février, mars.

P. pyramidalis. Rosier in Lam. dict. 5, p. 235. Vulg. Peuplier d'Italie. *Pibo d'Italio*. Cultivé le long des routes et dans les lieux humides. Mars.

Platanées

PLATANUS. L. gen. 1075. Platane.

P. orientalis. L. sp. 1417. *Platano*. Dans les champs, sur le cours et les promenades. Avril, mai.

Bétulacées

ALNUS. Tournef. inst. p. 587, tab. 359. Aulne.

A. incana. Dc. fl. fr. 3, p. 304. *Verno blancastro*. Bords de la Durance, près du pont du Pertuis. Février, mars.

Abiétinées

PINUS. L. gen. 1077. Pin.

P. sylvestris. L. sp. 1418. Vulg. Pin commun, Pin de

Genève, Pin de Russie, Pin de Riga, Pin de mature, Pinasse. Mai.

P. halepensis. Mill. dict. n° 8. Vulg. Pin de Jérusalem, Pin blanc. *Pin blanc.* Commun sur toutes les collines des environs. Mai.

P. pinea. L. sp. 1419. Vulg. Pin cultivé, Pin de pierre, Pin pignon, Pin bon. Pin doux. *Pin pignié, Pin dei bouen* Près du pont de l'Arc ; on le trouve aussi dans le quartier de Millaud mêlé aux pins d'Alep. Mai.

Cupréssinées

Juniperus. L. gen. 1134. Genévrier.

J. communis. L. sp. 1470. Vulg. Genévrier. *Genèbre* Commun au Montaiguet et sur tous les coteaux des environs. Mars, avril.

J. oxycedrus. L. sp. 1470. Vulg. Cade, Cèdre piquant. *Cade.* Même habitat, même époque que le précédent.

J. phœnicea. L. sp. 1471. *Mourven.* Tholonet, Cuques, moins commun que les deux précedents. Mars, avril.

Taxus. Tournef. inst. tab. 362. If.

T. baccata. L. sp. 1472. Vulg. If. *Touïs, Aubre de la Santo Baumo..* Sainte-Victoire ; derrière le château de Saint-Antonin. Avril.

Cupressus. L. gen. Cyprès.

C. sempervirens. L. sp. 1433. *Cipré, Oucipré.* Cultivé et subspontané. Mars, avril.

2ᵉ EMBRANCHEMENT

ENDOGÈNES PHANÉROGAMES OU MONOCOTYLÉDONÉES

Alismacées

ALISMA. L. gen. 460. Fluteau.

A· plantago. L. sp. 486. Commun dans le lit de l'Arc et dans tous les fossés. Eté.

6. lanceolatum. Bords de l'Arc, près des Infirmeries.

A. ranunculoides. L. sp. 487. Fossé sur la rive gauche de la Durance, près de Peyrolles. Juin.

Colchicacées

COLCHICUM. Tournef. tab. 181 et 182. Colchique.

C. autumnale. L. sp. 485. *Bramo vacco.* Torse et lieux ombragés. Septembre.

C. arenarium. W. K. pl. rar. hung. tab. 179. Vallon du Cascaveou au nord-ouest de la Keirié. Septembre, octobre.

Liliacées

TULIPA. Tournef. inst. 373, tab. 199 et 200. Tulipe. *Tulipan.*

T. clusiana. Dc. fl. fr. 5, p. 314. Torse, près du canal et au levant de la campagne de Madame Guignon ; Montaiguet, vallon de la Mure ; Peiblan dans les moissons et au pied des oliviers. Avril, mai.

T. oculus-solis. S^t Am. rec. sec. agr. Agen, 1, p. 75. Abonde dans tous les quartiers du territoire, mais particulièrement aux Infirmeries et au vallon de Bouonouro. Avril.

T. Lortetiana. Jord. Enclos de M. Joseph Vieil au-dessus de l'hôpital et champs aux environs du Pont-rout. Mars.

T. præcox. Ten. fl. nap. 1, p. 170. Plus précoce d'une quinzaine de jours et moins commune que les autres espèces, vallons de Brunet et de Bouonouro. Mars.

T. sylvestris. L. sp. 438. Commune dans les moissons, surtout au quartier de Saint-Mitre.

T. celsiana. Dc. in Red. lil. 1, tab. 38. C'est la seule de nos tulipes que Garidel ait connue. Les cinq autres n'ont été probablement introduites qu'après lui ; il a vu quelques échantillons du T. oculus-solis qu'il n'a pas jugés spontanés. Montaiguet, vallons de Fontgamate et du Coq vers le haut. Mai.

FRITILLARIA. L. gen. 411. Fritillaire.

F. meleagris. L. sp. 436. Indiquée par Garidel à Sainte-Victoire.

F. involucrata. All. auct. p. 34. Mont Concoux près du Grand-Sambuc ; Sainte-Victoire entre le couvent et le Garagay et dans le vallon du Baou-Trouca. Mai.

LILIUM. L. gen. 410. Lis.

L. martagon. L. sp. 435. *Ieli rouge*. Sainte-Victoire, vers le haut du vallon du Chasseur. Mai.

L. candidum. L. sp. 433. *Iéli*. Cultivé et subspontané autour des habitations. Nous en avons trouvé un dans le vallon désert du Cascaveou, pressé entre deux grosses pierres, sur un rebord de difficile accès, à la hauteur à peu près d'un premier étage. Pendant plus de dix ans il n'a donné que des feuilles, et n'a fleuri que lorsque l'ognon a été planté dans un jardin.

SCILLA. L. gen. 419. Scille.

S. autumnalis. L. sp. 443. Commuu sur toutes les hauteurs des environs. Septembre.

S. hyacinthoides. L. syst. veg. 13, p. 272. Entrée du vallon de Valcros, vallon de Bouonouro, sur une rive du Défens. Avril.

ORNITHOGALUM. L. gen. 418. Ornithogale.

O. narbonense. L. sp. 440. Cuques au midi et dans les champs incultes. Mai, juin.

O. nutans. L. sp. 441. Commun au milieu des moissons, dans tous les quartiers. Avril.

O. pater-familias. Godr. not. montp. p. 27. Montaiguet, versant nord. Mai.

O. divergens. Bor. not. 36, n° 3. Montaiguet. Mai.

O. umbellatum. L. sp. 441. Vulg. Dame d'onze heures. Commun aux bords des chemins ainsi que dans les cultures. Avril.

O. tenuifolium. Guss. pr. fl. sic. 1, p. 413. Montaiguet au pied et vis-à-vis du pont des Trois-Sautets. Il abonde surtout aux environs du Cascaveou. Mai.

GAGEA. Salisb. Ann. bot. 2, p. 535. Gagée.

G. arvensis. Schutt. syst. 7, p. 547. Commun dans les moissons. Février, mars.

ALLIUM. L. gen. 409. Ail.

A. sativum. L. sp. 425. Vulg. Ail. *Aïet*. Cultivé. Juillet.

A. scorodoprasum. L. sp. 425. Vulg. Rocambole. Dans les champs, le long de l'Arc ; Barret, dans les oliviers. Juin, juillet.

A. vineale. L. sp. 428. *Pouarri fer*. Vallon des Gardes vers le haut ; champs et vignes. Juin.

A. porrum. L. sp. 423. Vulg. Poireau. *Pouarri*. Cultivé. Juin-août.

A. polyanthum. Rœm. et Schultz, syst. 7, p. 1016. Très commun dans les endroits secs et pierreux. Juin, juillet.

A. rotundum. L. sp. 423. Rives et lieux incultes. Eté.

A. sphærocephalum. L. sp. 426. Même habitat, même époque.

A. cepa. L. sp. 431. Vulg. Oignon. *Cebo*. Cultivé. Eté.

A. subhirsutum. L. sp. 424. Quartier du Prégnon, de Mauret. Avril, mai.

A. roseum. L. sp. Ed. 1, p. 296. Pinchinats près du Moulin de Lenfant. Avril, mai.

A. nigrum. L. sp. 430. Champ cultivé près des Figons. Mai.

A. paniculatum. L. sp. 428. Peireguié, Mauret.

6. pallens. Tholonet, Torse, bords de l'Arc.

A. moschatum. L. sp. 427. Vallons du Cascaveou, de Lévèze de Fontgamate. Septembre, octobre.

HYACINTHUS. Tournef. inst. p. 344, tab. 180. Jacinthe.
H. orientalis. L. sp. 454. Vulg. Muguet. *Jacinto, Mugué*. Collines à gauche du pont de l'Arc ; Tholonet près du château ; vallon de Valcros, partie supérieure à droite en montant. Février, mars.

MUSCARI. Tournef. inst. p. 347, tab. 180. Muscari.

M. neglectum. Guss. syn. 411. Commun sur les rives et dans les champs. Février, mars.

M. comosum. Mill. dict. n° 2. *Cebouiado*. Commun dans les champs. Mai, juin.

HEMEROCALLIS. L. gen. 433. Hémérocalle.

H. fulva. L. sp. 462. Sainte-Victoire, d'après Castagne.

PHALANGIUM. Tournef. inst. p. 368, tab. 193. Phalangère.

P. liliago. Schreb. spic. p. 36. Sainte-Victoire, versant nord ; vallon des Masqnes ; Montaiguet, vallon du Saint-Esprit. Mai.

ASPHODELUS. L. gen. 421. Asphodèle.

A. fistulosus. L. sp. 444. Butte des Trois-Moulins, au sud-ouest, vers le haut. Mai.

A. albus. Wild. sp. 2, p. 133. *Pourraco*. Pied de Sainte-Victoire, versant du midi, Arbois, près du hameau de la Mérindole. Mai.

APHYLLANTHES. Tournef. inst. 657, tab. 430. Aphyllanthe.

A. monspeliensis. L. sp. 422. *Bragoun, Graboun* et *Dragoun*. Cuques et sur toutes les collines du territoire. Mai.

Smilacées

POLYGONATUM. Tournef. inst. p. 78, tab. 14. Polygone.

P. vulgare. Desf. ann. museum, 9, p. 49. Vulg. Sceau de Salomon. Montaiguet, vis-à-vis de Meyreuil près des ruines. Mai, juin.

ASPARAGUS. L. gen. 458. Asperge.

A. officinalis. L. sp. 448. *Sperjo, Asperjo.* Cultivé et trouvé çà et là sur les bords de l'Arc. Juillet, août.

A. acutifolius. L. sp. 449. *Roumaniou dé tino, Counieu.* Commun dans les haies. Septembre, octobre.

Ruscus. L. gen. 1139. Fragon.

R. aculeatus. L. sp. 1174. *Prebouissé.* Vallon des Gardes, du Cascaveou, Torse. Janvier, février.

Smilax. L. gen. 1120. Smilax.

S. aspera. L. sp. 1458. Vulg. Salsepareille d'Europe, Liseron épineux. *Gros-grame.* Collongue, colline des Pauvres, à Monplaisir, Cuques au couchant. Septembre, octobre.

Iridées

Crocus. L. gen. n° 55. Safran.

C. versicolor. Gawl. bot. mag. 1110. Plateau entre la tour de la Keirié et le vallon du Cascaveou. Février, mars.

Iris. L. gen. 59. Iris.

I. chamæiris. Bertol. fl. ital. 3, 609. Keirié, Montaiguet. Avril, mai.

V. lutea. Même habitat, même époque que le précédent.

I. germanica. L. sp. 55. *Gloujau.* Sur les murs et sur les rives. Avril, mai.

I. florentina. L. sp. 55. Montaiguet, vallon de la Mure près de la campagne de M. Coriolis. Avril, mai.

I. pseudoacorus. L. sp. 56. *Coutelas.* Torse, fossés de la Grande-Durane, Roquefavour sous l'aqueduc. Mai, juin.

I. spuria. L. sp. 58. Saint-Hilaire. Mai.

9

GLADIOLUS. L. gen. n° 57. Glayeul.

G. segetum. Gawl. bot. mag. 719. *Couteu, Coutello.* Très commun dans les moissons. Mai.

Amaryllidées

STERNBERGIA. W. K. pl. rar. hung. 2, p. 172. Sternbergie.

S. lutea. Gawl in Schult. syst. 7, p. 795. Cultivé et souvent subspontané autour des habitations. Septembre, octobre.

NARCISSUS. L. gen. 403. Narcisse.

N. incomparabilis. Mill. dict. 3. Dans les cultures, à la campagne de M. Fouque, chemin d'Avignon entre la Croix-de-Celony et la Calade. Mars, avril.

N. poeticus. L. sp. 414. *Jusieuvo.* Dans les prairies, aux Infirmeries, au Prégnon. Avril, mai.

N. juncifolius. Requien ap. Lois. nouv. not. 14. *Jounquio.* Sur toutes les collines des environs, principalement à la Keirié et au Montaiguet. Avril, mai.

N. Dubius. Gouan. ill. 22. Au couchant de la tour de la Keirié ; Montaiguet, près de la campagne de Mme Gimbert. Avril.

Orchidées

SPIRANTHES. L. c. Rich. Orch. Europ. 28. Spiranthe.

S. autumnalis. Rich. l. c. Prégnon, au pied de la colline au midi de la métairie ; Torse, bords de l'Arc. Septembre, octobre.

Cephalanthera. L. c. Rich. Orch. Europ. 29. Céphalantère.

C. ensifolia. Rich. Orch. Europ. 38. Mauret, vis-à-vis de la campagne de M. Fabry au milieu des broussailles. Avril, mai.

C. grandiflora. Bab. man. 296. Montaiguet au-dessus du vallon du Tir et ailleurs. Mai.

C. rubra. Rich. Orch. Europ. 38. Montaiguet au levant de la Simone. Mai, juin.

Epipactis. L. c. Rich. Orch. Europ. 81. Epipactis.

E. latifolia. All. ped. 2, p. 151. Commun à Cuques et sur les hauteurs. Mai, juin.

E. microphylla. Swartz, act. holm. 1800. Trouvé une fois sur la rive droite de l'Arc près des Infirmeries. Mai.

E. palustris. Crantz. austr. p. 462. Très abondant sur les bords de l'Arc. Mai, juin.

Listera. R. br. h. Kew. ed. 3, p. 201. Listère.

L. ovata. R. Br. hort. Kew. 5, p. 201. Bord d'un pré, à l'avenue du château du Tholonet. Mai.

Neottia. L. c. Rich. Orch. Europ. 29. Néottie.

N. nidus.avis. Rich. l. c. Dans les environs de Saint-Antonin. Mai.

Limodorum. L. c. Rich. Orch. Europ. 28. Limodore.

L. abortivum. Swartz, act. holm. 6, p. 80. Commun sur toutes nos collines et sur les bords de l'Arc. Mai, juin.

Aceras. R. br. h. Kew. 191. Acéras.

A. antropophora. R. Br. l. c. Plateau qui domine le vallon du Laurier, près de la campagne de M. Hotzel. Avril, mai.

A. densiflora. Boiss. voy. 595. Trouvé une fois à Saint-Eutrope au-dessus du couvent des pères capucins. Juin.

A. pyramidalis. Rchb. ic. vol. 13, p. 6, tab. 9. Bords de l'Arc. Juin.

ORCHIS. L. gen. 1009. Orchis.

O. morio. L. sp. 1333. Sainte-Victoire et surtout au Montaiguet sur le plateau au midi de Malouesso. Avril, mai.

O. ustulata. L. sp. 1333. Sainte-Victoire près du Monastère. Mai.

O. tridentata. Scop. carn. 2, p. 190. Sainte-Victoire. Mai, juin.

O. purpurea. Huds. angl. ed. 1, p. 334. Dans les vallons et sur les rives ombragées. Avril.

O. mascula. L. sp. 1333. Plateau au midi de Malouesso où il est en abondance à côté de l'O. morio. Avril, mai.

O. laxiflora. Lam. fl. fr. 3, p. 504. Abonde dans le vallon de Valcros. Mai, juin.

O. palustris. Jacq. coll. 1, p. 75. Prairies sur la rive gauche de la Durance, près du pont de Pertuis. Avril, mai.

O. latifolia. L. sp. 1334. Prairies en amont de l'aqueduc de Roquefavour. Mai.

O. maculata. L. sp. 1335. Rive gauche de l'Arc en amont du pont des Trois-Sautets. Mai, juin.

O. conopsea. L. sp. 1335. Sainte-Victoire au Clouzoun. Juin, juillet.

OPHRYS. L. gen. 1011. Ophrys.

O. aranifera. Huds. fl. angl. ed. 2, p. 392. *Aragno*. Commun sur les bords de l'Arc et sur tous les coteaux des environs. Mai.

O. apifera. Huds. fl. angl. ed. 1, p. 340. *Abeïo*. Bords de l'Arc, vallon des Gardes dans les pelouses. Mai.

O. scolopax. Cav. ic. 2, p. 46, tab. 161. Saint-Donat au bord d'un ruisseau et bords de l'Arc. Juin.

O. fusca. Link in Schrad. diar. 2 (1799). Montaiguet en-dessous de l'ancien chemin de Gardanne, où elle a été signalée par Garidel. On la trouve aussi au couchant des ruines de Meyreuil, à Saint-André, près de la campagne de M. Pison et au vallon des Gardes. Mars, avril.

Juncaginées

TRIGLOCHIN. L. gen. 453. Troscart.

T. palustre. L. sp. 482. Digue du Réaltor. Septembre.

Potamées

POTAMOGETON. L. gen. 174. Potamot.

P. natans. L. sp. 182. Abonde sur les bords et dans le lit de l'Arc. Juin-août.

P. pectinatus. L. sp. 183. Fenouillère, mares aux bords de l'Arc. Juillet, août.

P. densus. L. sp. 182. Barret, l'Arc et dans presque tous les cours d'eau. Mai, juin.

Aroïdées

ARUM. L. gen. 1028. Gouet.

A. italicum. Mill. dict. n° 2. *Fugueiroun.* Commun sur toutes les rives ombragées. Mai.

Typhacées

TYPHA. L. gen. 1040. Massette.

T. angustifolia. L. sp. 1377. *Sagno*. Commun le long de l'Arc et dans les mares. Mai.

T. minima. Hoppe, cent. 3. Rive gauche de la Durance près du pont de Pertuis. Mai.

SPARGANIUM. L. gen. 1041. Rubanier.

S. ramosum. Huds fl. angl. 401. Roquefavour dans les prés, en amont de l'aqueduc. Mai, juin.

Joncées

JUNCUS. L. gen. 437. Jonc.

J. conglomeratus. L. sp. 464. Bords de l'Arc. Mai.

J. effusus. L. sp. 464. Le long des cours d'eau. Mai.

J. diffusus. Hoppe, dec. gram. n° 155. Saint-Donat, bord d'un ruisseau. Mai, juin.

J. glaucus. Ehrh. beitr. 6, p. 83. Bords de l'Arc. Juin.

J. paniculatus. Hoppe, dec. gram. n° 156. Un peu en aval du pont des Gardes, au bord d'un ruisseau. Mai, juin.

J. acutus. L. sp. 463. *Joun de testo*. Lieux humides et cours d'eau. Juin, juillet.

J. lamprocarpus. Ehrh. Calam. n° 126. Commun sur les bords de l'Arc et dans les lieux humides. Avril, mai.

6. macrocephala. Gour sur le chemin de Berre, près du canal.

J. lagenarius. Gay, ap. Laharpe. Rive gauche de l'Arc, près des Infirmeries. Mai, juin.

J. sylvaticus. Reich. fl. mœno-franc. 2, p. 181. Rive gauche de l'Arc en amont du viaduc. Mai, juin.

J. obtusiflorus. Ehrh. beitr. 6, p. 83. Bords de l'Arc. Juin.

J. multiflorus. Desf. All. 1, p. 313. Bords de l'Arc; Fossés avant Saint-Mitre et au quartier de Saoutolèbre. Juin.

J. compressus. Jacq. en stirp. vind. 60 et 235. Dans les endroits humides. Juin, juillet.

J. Gerardi. Lois. not. p. 60. Gour sur le chemin de Berre. Mai.

J. tenageia. L. f. suppl. 208. Roquefavour en amont de l'aqueduc ; Saint-Donat dans un fossé. Juin.

J. bufonius. L. sp. 466. Bords des cours d'eau. Mai.

Luzula. Dc. fl. fr. 3, p. 158. Luzule.

L. pilosa. Willd. en 1, p. 393. Sainte-Victoire à mi-côte près du Baou-Trouca. Avril.

Cypéracées

Cyperus. L. gen. 66. Souchet.

C. longus. L. sp. 67. *Triangle.* Bords des prés et dans les ruisseaux autour de la ville. Eté.

C. fuscus. L. sp. 69. Bords de l'Arc, près du Gour de Martelly. Juin.

C. flavescens. L. sp. 68. Sur le chemin de Marseille vis-à-vis de la Glacière ; Tholonet, aux Infernets. Mai.

SCHŒNUS. L. gen. 65. Choin.

S. nigricans. L. sp. 64. Très commun le long de l'Arc. Mai.

CLADIUM. Patr. Brown. Jam. 114. Cladie.

C. mariscus. R. Brown. prodr. 92. Prairies inondées près du pont de Pertuis ; rive gauche du canal de Marseille à un demi-kilomètre environ en aval de l'aqueduc, apporté sans doute par les eaux de la Durance. Mai.

SCIRPUS. L. gen. 67. Scirpe.

S. maritimus. L. sp. 74. Bords de l'Arc, surtout près du gour de Martelly. Juillet.

S. compressus. Pers. syn. 1, p. 66. Vallon de Valcros. Avril, mai.

S. holoshænus. L. sp. 72. Vulg. Jonc commun. Abonde aux bords des fossés et des ruisseaux. Eté.

γ. romanus. Koch. l. c. Rive gauche de l'Arc vis-à-vis des Infirmeries. Mai.

S. lacustris. L. sp. 72. Rive gauche de l'Arc un peu en aval des Infirmeries. Mai.

S. setaceus. L. sp. 73. Vallon de Valcros au bord de l'eau. Mai.

S. cæspitosus. L. sp. 71. Saint-Antonin. Août.

ELEOCHARIS. R. Brown, prodr. 1, p. 224. Eléocharis.

E. palustris. R. Brown. prodr. 1, p. 80. Eaux stagnantes autour de la ville ; au bout de la Rotonde. Eté.

CAREX. Mich. nov. gen. 33. Carex.

C. divisa. Huds. fl. angl. ed. 1, p. 348. Ruisseau du chemin de Vauvenargues avant le pont de Béraud ; chemin de Berre. Avril.

C. setifolia. Godr. not. fl. monsp. 25. Commun sur les rives sèches, Bouonouro, petit chemin des Milles. Avril.

C. schreberi. Schrank, baier. fl. 1., p. 278. J'en possède dans mon herbier un échantillon unique récolté par Castagne. Avril.

C. vulpina. L. sp. 1382. Bords du ruisseau un peu en aval du pont des Gardes. Mai, juin.

C. muricata. L. sp. 1382. Mauret ; vallon de Brunet. Mai.

C. divulsa. Good. trans. of. linn. soc. 2, p. 160. Saint-Hilaire. Avril.

C. leporina. L. sp. 1381. Bord d'un ruisseau, un peu en amont du pont de la Fourchette. Mai.

C. glauca. Scop. carn. 2, p. 223. Vallon de Bagnoly ; lieux frais et humides, le long des cours d'eau, et bords des prés. Mai.

C. maxima. Scop. carn. 2, p. 229. Le long des cours d'eau, Infirmeries, Pinchinats. Avril, mai.

C. panicea. L. sp. 1387. Prairies marécageuses de Roquefavour. Mai.

C. hispida. Willd. sp. 4, p. 302. Roquefavour. Juin.

C. tomentosa. L. mant. 123. Tholonet, bords des prés. Avril.

C. halleriana. Asso. syn. n° 922, tab. 9. Montaiguet, vallon du Cascaveou, Sainte-Victoire, Cuques. Mars, avril.

C. humilis. Leyss. fl. hab. 175. Sainte-Victoire, versant du midi, près de Rioulfe et versant nord à la Plaine. Avril.

C. flava. L. sp. 1384. Bords du canal de Marseille entre Ventabren et Roquefavour. Juin.

C. œderi. Ehrh. calam. n° 79. Rive gauche du canal de Marseille en aval de l'aqueduc de Roquefavour, avant le premier tunnel. Juin.

C. hornschuchiana. Hoppe. fl. 1824, p. 599. Encagnano. Mai.

C. distans. L. sp. 1387. Prairies inondées près du pont de Pertuis. Mai.

Ç. ampullacea. Good. trans. of. linn. soc. 2, p. 207. Rive droite de l'Arc vis-à-vis des Infirmeries. Juin.

C. paludosa. Good. trans. of. linn. soc. 2, p. 202. Route de Toulon, sur le cours d'eau tout près et en amont des Moulins-Forts. Avril, mai.

C. riparia. Curt. fl. lond. 4, tab. 60. Même époque, même habitat que la précédente.

C. hirta. L. sp. 1389. Bord du ruisseau qui coule devant l'enclos de Mme Janet. Mai.

Graminées

PHALARIS. P. Beauv. agrost. 36, tab. 7, f. 1. Phalaris.

P. canariensis. L. sp. 79. *Grano longo.* Cultivé et acclimaté. Mai, juin.

P. brachystachys. Link in Schrad. Journ. 1. Part. 3. P. 134. Enclos de Mme de Pradine près de la ville. Mai.

P. minor. Retz, obs. 3, p. 8. Rive gauche de l'Arc, vis-à-vis des Infirmeries. Mai.

P. paradoxa. L. sp. 1665, Boulevard du roi René, rive droite de l'Arc en amont du vallon du Tir. Mai.

P. nodosa. L. syst. ed. 13, p. 88. Ruisseau du Moulin du pont de l'Arc. Mai.

P. arundinacea. L. sp. 80. Bords de l'Arc en aval du gour de Martelly jusqu'aux Milles. Juin.

ANTHOXANTHUM. L. gen. n° 42. Flouve.

A. odoratum. L. sp. 40. Rive droite de l'Arc, près du Coton Rouge, Cuques sur les bords du canal. Avril.

A. Puelii. Lecoq et Lamotte, cat. pl. Auvergne, p. 385. Rive droite de l'Arc près des Infirmeries. Mai.

MIBORA. Adans. fam. Pl. 2, p. 495. Mibora.

M. verna. P. de Beauv. agrost. p. 29, tab. 8, f. 4. Collo dei dedaou aux bords des sentiers et dans les champs sablonneux. Février, mars.

PHLEUM. L. gen. n° 77. Phléole.

P pratense. L. sp. 79. Commun dans les pelouses et sur les rives sèches. Juin.

6. nodosum. Gaud. helv. 1, p. 164. Colline des pauvres, Montaiguet, Sainte-Victoire, plus commun que le précédent. Juin.

P. tenue. Schrad. Germ. 1, p. 191. Rive droite de l'Arc près des Milles, Cuques. Mai, juin.

ALOPECURUS. L. gen. n° 78. Vulpin.

A. agrestis. L. sp. 89. Moissons autour de la ville, rare. Mai.

SESLERIA. Scop. carn. 1, p. 189. Seslérie.

S. cœrulea. Arduin, specim. alt. 18, tab. 6, f. 3-5. Colline des Pauvres au couchant du vallon des Gardes, Sainte-Victoire. Mai, juin.

ECHINARIA. Desf. atl. 1, p. 385. Echinaire.

E. capitata. Desf. ibid. Rive sèche près du moulin Destesta, vallon du Coq. Mai.

TRAGUS, Hall, helv. 2, p. 203. Bardanette.

T. racemosus. Hall. l. c. Pelouses sablonneuses, bords de l'Arc, Cuques, Saint-André. Août, septembre.

SETARIA. P. Beauv. agrost. p. 51, tab. 13, f. 3. Sétaire.

S. glauca. P. Beaux. agrost. p. 51. Commun sur les bords des prés et des ruisseaux. Juin.

S. viridis. P. Beauv. agrost. p. 51. Commun dans les champs cultivés. Juin.

S. verticillata. P. Beauv. agrost. p. 51. Commun partout. Juin.

PANICUM. L. gen. n° 76. Panic.

P. capillare. L. sp. 86. Enclos de M. Courtais attenant à Sainte-Marthe, dans un champ de luzerne et aux bords des fossés. Octobre.

P. miliaceum. L. sp. 86. *Meï prim*. Au midi de la Pioline dans un champ inculte. Juin.

P. crus-galli. L. sp. 83. Fenouillère et généralement dans les lieux frais et humides. Juin, juillet.

6. aristatum. L. sp. 84. Mêlé avec le précédent mais plus rare.

P. sanguinale. L. sp. 84. Dans les ruisseaux de Fenouillère et dans l'enclos de Mme de Pradine. Juin, juillet.

CYNODON. Rich. in Pers. syn. 1, 85. Chiendent.

C. dactylon. Pers. syn. 1, p. 85. *Grame*. Trop commun partout. Eté.

ANDROPOGON. L. gen. n° 1145. Barbon.

A. ischæmum. L. sp. 1843. Commun dans les endroits secs et pierreux. Eté.

A. provinciale. Lam. dict. 1, p. 376. Indiqué par Garidel au pied de Sainte-Victoire versant du midi où nous ne l'avons pas encore trouvé.

A. gryllus. L. sp. 1480. Rive droite de l'Arc, vis-à-vis des Moulins-Forts, plus rare en aval près des Infirmeries. Juin, juillet.

SORGHUM. Pers. syn. 1, p. 101. Sorgho.

S. halepense. Pers. 1. c Montaiguet vis-à-vis de Meyreuil dans un endroit sec, très abondant sur les bords de l'Arc. Eté.

ERIANTHUS. Rich. in P. Beauv. agrost. p. 14. Erianthe.

E. Ravennæ. P. Beauv. 1. c. Rive droite de la Durance un peu en aval du pont de Pertuis. Juin.

ARUNDO. L. gen. n° 93. Roseau.

A. donax. L. sp. 120. Vulg. Roseau à quenouille. *Cano.* Cultivé sur les rives stériles et sur les berges des chemins de fer. Octobre.

PHRAGMITES. Trin. fund. agr. p. 154. Phragmite.

P. communis. Trin. 1. c. *Caneou, canetto.* Commun dans les fossés, dans les mares et surtout dans le lit de l'Arc. Septembre.

CALAMAGROSTIS. Adans. fam. des pl. 2, p. 31. Calamagrostis.

C. littorea. Dc. fl. fr. 5, p. 255. Bords de la Durance. Juin.

AGROSTIS. L. gen. n° 80. Agrostis.

A. alba. L. sp. 93. Commun sur les cours d'eau. Eté.

γ. maritima. Mug. 1. c. Montaiguet. Juin.

A. verticillata. Vill. prop. 16 et Dauph. 2, p. 74. Commun dans tous les ruisseaux autour de la ville. Eté.

A. vulgaris. With. arrang. 132. Commun le long de l'Arc et dans les endroits humides. Mai, juin.

SPOROLOBUS. R. Brown. prodr. 1, p. 170. Sporolobe.

S. pungens. Kunth, gram. 1, p. 68. Gare de Rognac. Septembre.

POLYPOGON. Desf. Atl. 1, p. 66. Polypogon.

P. monspeliense. Desf. atl. 1, p. 67. Commun dans tous les ruisseaux, petit chemin du Tholonet, de Berre. Mai, juin.

STIPA. L. gen. n° 90. Stipe.

S. juncea. L. sp. 116. Cuques, vallon du Cascaveou, Tholonet. Mai, juin.

S. capillata. L. sp. 116. Colline dei Dedaou, Cuques, moins abondant que le précédent. Mai, juin.

S. pennata. L. sp. 115. *Plumo à gaou, plumet.* Abonde à Cuques et sur toutes les collines. Cette plante est bien connue à Aix où on en fait des plumeaux et des bouquets pour orner les cheminées. Mai, juin.

ARISTELLA. Bertol. fl. it. 1, p. 690. Aristelle.

A. bromoides. Bertol. l. c. Derrière le château du Tholonet, vallon de Collongue. Juin, juillet.

LASIAGROSTIS. Link. hort. ber. 1. p. 99. Lasiagrostis.

L. calamagrostis. Link. l. c. Sainte-Victoire, sur la Plaine. Juillet.

PIPTATHERUM. P. Beauv. agrost. p. 18. Piptathère.

P. multiflorum. P. Beauv. agrost. p. 18. Commun autour des habitations, dans les trous et au pied des vieux murs. Eté.

AIRA. L. gen. n° 81. Canche.

A. præcox. L. sp. 97. A Sainte-Victoire d'après Castagne.

Deschampsia. P. Beauv. agrost. 91. Deschampsie.

D. media. Rœm. et Schult. syst. 2, p. 687. Rives sèches près du hameau des Milles ; bords de la Durance. Mai, juin.

Avena. L. gen. n° 91. Avoine.

A. sativa. L. sp. 118. *Civado.* Cultivée et subspontanée. Juin, juillet.

A. barbata. Brot. lus. 1, p. 108. Vallon au nord-ouest de la Keirié, rive droite de l'Arc en amont de la passerelle du Tir. Mai.

A. fatua. L. sp. 118. Vulg. Folle-avoine. *Civado fero, Civado negro.* Commune dans les champs et sur les rives souvent mêlée avec les deux précédentes. Mai, juin.

A. ludoviciana. (Durieu). Vallon au pied de la Keirié. Avril.

A. sterilis. L. sp. 118. Bords des champs. Avril.

A. pubescens. L. sp. 1665. Dans un pré au midi de la campagne de Mme Rémondet ; Cuques. Mai.

A. australis. Parl. fl. it. 1, p. 285. Colline des Pauvres, Cuques, Montaiguet, vallon des Gardes. Juillet.

A. bromoides. Gouan, hort. monsp. 52. Commun à Mauret, à Cuques et généralement dans les endroits secs et pierreux. Juin.

A. pratensis. L. sp. 119. Vallon du Coq, colline des Pauvres, vallon des Cailles. Mai.

Arrhenatherum. P. Beauv. agrost. 55. Arrhénathère.

A. elatius. Mert et Koch, deutschl. fl. 1, p. 546. *Froumentaou.* Abonde dans tous les prés autour de la ville. Mai, juin.

TRISETUM. Pers. syn. 1, p. 97. Trisète.

T. flavescens. P. Beauv. agrost. p. 88. Commun sur l'aire de l'hôpital et à Cuques. Mai.

HOLCUS. L. gen. n° 1146. Houque.

H. lanatus. L. sp. 1485. Commun à Fenouillère sur les bords de l'Arc et dans tous les ruisseaux. Juin, juillet.

H. sorghum. L. sp. 1484. Vulg. Millet à balais, Sorgho, Gros panis, Grand Millet, Sagina. *Meï rouge, Meï d'escoubo.* Cultivé fl. août : fr. Octobre.

MAYS. Gœrtn. fruct. 1, p. 6. Maïs.

M. Zea. L. sp. 1133. Vulg. Maïs, Gaude, Blé d'Espagne, Blé de Turquie, Blé de Guinée, Blé d'Inde, Gros millet des Indes. *Gros blad, Blad de Turquio.* Cultivé, bords de l'Arc. Juillet.

KOELERIA. Pers. syn. 1, p. 97. Keulérie.

K. cristata. Pers. ibid. Colline des Pauvres, au couchant et près du vallon des Gardes, Cuques. Mai, juin.

K. setacea. Pers. ibid. Bords de l'Arc jusqu'aux Milles. Mai, juin.

K. phleoides. Pers. ibid. Champs stériles, bords des ruisseaux et des chemins. Eté.

GLYCERIA. R. Brown. prodr. 1, p. 179. Glycérie.

G. plicata. Fries, mant. 3, p. 176. Dans les ruisseaux et dans les mares, principalement à la Torse. Mai.

SCLEROCHLOA. P. Beauv. agrost. 98. Sclerochloa.

S. dura. P. Beauv. ibid. Trouvé une fois sur le chemin du petit Barthélemy à un seul exemplaire et à la Calade près du château en certaine quantité.

POA. L. gen. n° 83. Paturin.

P. annua. L. sp. 99. *Margaïoun. Ce gramen, si com-*

mun autour de la ville forme pour ainsi dire le fond des bordures naturelles sur nos promenades, à la Rotonde et dans les rues. Tout l'Eté.

P. nemoralis. γ. alpina. L. sp. 102. Bords de la Touloubre. Mai.

P. bulbosa. L. sp. 102. Commun sur les rives sèches, ainsi que sa var. 6. vivipara. Mai, juin.

P. compressa. L. sp. 101. Ruisseaux du chemin Neuf; Repentance bord du chemin qui monte à la Keirié. Juin.

P. pratensis. L. sp. 99. Abonde dans toutes les prairies. Mai.

P. trivialis. L. 99. Bords de l'Arc et chemin de Galice dans les ruisseaux. Mai.

ERAGROSTIS. P. Beauv. agrost. p. 70. Eragrostide.

E. megastachya. Link, hort. ber. 1, p. 187. Cuques, au couchant. Mai, juin.

E. poæoides. P. Beauv. agrost. 71. Cuques, au couchant. Août.

E. pilosa. P. Beauv. ibid. Rive droite de l'Arc, un peu en amont du pont de l'Arc. Août.

BRIZA. L. gen. n° 84. Brize.

B. maxima. L. sp. 103. Indiquée par Garidel dans les prairies des Infirmeries, mais non retrouvée. Mai, juin.

B. media. L. sp. 103. Bords de l'Arc en abondance. Mai, juin.

B. minor. L. sp. 102. Pinchinats et bords de l'Arc. Mai, juin.

MELICA. L. gen. n° 82. Mélique.

M. Magnolii. Godr. et Gr. fl. fr. 3, p. 550. Sur les rives, aux bords des chemins, dans les haies. Mai, juin.

M. nebrodensis. Parl. fl. palerm. 1, p. 120. Vallon des Gardes, au fond sur un rocher roulé. Mai.

M. Bauhini. All. auct. 43. Sainte-Victoire, versant nord, Roquefavour sur les rochers au couchant de l'aqueduc. Juin.

M. minuta. L. mant. 32. Commun au Tholonet près des grottes au couchant des Pères Jésuites, Cuques au midi dans les fentes des rochers. Mai, juin.

M. uniflora. Retz, obs. 1, p. 10. Dans les fissures des rochers, aux vallons du Cascaveou, des Gardes, de la Renarde. Mai, juin.

SCLEROPOA. Gris. spic. fl. rum. 2, 431. Scleropoa.

S. maritima. Parl. fl. ital. 1, p. 468. Trouvé une seule fois au bord de l'Arc dans une aire en amont du gour de Martelly. Mai.

S. rigida. Gris. sp. fl. rum. 2, p. 431. *Sauno garri*. Abonde dans les lieux incultes. Mai.

S. loliacea. Godr. et Gr. fl. fr. 3, p. 557. Signalé par Castagne et retrouvé par M. de Fonvert à la Mérindole et sur le mur de M. de Saporta après l'hôpital Saint-Jacques.

ÆLUROPUS. Trin. fund. agrost. 143. OElurope.

Æ. littoralis. Parl. fl. ital. 1, p. 461. Saint-Victoret. Juin.

DACTYLIS. L. gen. 86. Dactyle.

D. glomerata. L. sp. 105. Commun dans les prairies et dans les champs. Mai, juin.

MOLINIA. Schrank, baier. fl. 1, p. 334. Molinie.

M. cœrulea. Mœnch. meth. 183. Commun sur les bords de l'Arc. Septembre.

CYNOSURUS. L. gen. n° 87. Cynosure.

C. cristatus. L. sp. 105. Bords d'un ruisseau dans le pré qui est vis-à-vis du Pavillon de Lenfan. Juin.

C. echinatus. L. sp. 105. Champs et rives sèches, entrée du vallon du Coq à droite. Mai.

VULPIA. Gmel. bad. 1, p. 8. Vulpie.

V. pseudomyuros. Soy-Wilm. in Godr. fl. lorr. 3, p. 177. Rives et ilots de l'Arc. Mai, juin.

V. myuros. Rchb. fl. excurs. 1, p. 37. Commun à Cuques et ailleurs sur les pelouses. Mai.

V. bromoides. ibid. Puyricard sur le sentier conduisant de la campagne à la ferme de M. Mille. Avril.

V. incrassata. Parl. pl. nov. p. 56. Sur un séchoir à laines. Mai.

FESTUCA. L. gen. n° 88. Fétuque.

F. ovina. L. fl. suec. Ed. 2, p. 30. Repentance. Mai.

F. duriuscula. L. sp. 108. Colline des Pauvres, Cuques au levant. Mai, juin.

γ. glauca. Koch. syn. 938. Montaiguet. Juin.

F. arundinacea. Schreb. spicil. fl. lips, p. 57. Rive gauche de l'Arc en aval de la Pioline. Juin, juillet.

F. pratensis. Huds. angl. ed. 1, p. 37. Abonde dans les prés et se trouve aussi dans les endroits secs. Juin, juillet.

BROMUS. L. gen. n° 89. Brome.

B. tectorum. L. sp. 114. Lieux secs et stériles, Montaiguet, Cuques, sur les vieux murs. Mai.

B. sterilis. L. sp. 113. Commun dans les lieux secs et pierreux. Mai.

B. maximus. Dest. atl. 1, p. 95, tab. 26. Commun sur les bords des chemins, Repentance, Cuques. Mai.

B. madritensis. L. sp. 114. Repentance, Cuques. Avril, mai.

B. rubens. ibid. Vallon de Brunet, Cuques et généralement dans les endroits secs et pierreux. Avril, mai.

B. erectus. Huds. angl 49. Colline de Saint-Eutrope et rives sèches. Avril, mai.

SERRAFALCUS. Parl. pl. rar. sic. fasc. 2, p. 14. Serrafalque.

S. arvensis. Godr. fl. lorr. 3, p. 185. Rive gauche de l'Arc, près des Infirmeries. Juin, juillet.

S. commutatus. Godr. fl. lorr. 3, p. 185. Montaiguet au sommet du vallon du Coq. Mai, juin.

S. mollis. Parl. pl. rar. sic. fasc. 2, p. 11. Commun sur les bords des chemins et sur toutes les collines des environs. Mai.

S. squarrosus. Bab. man. of. brit. bot. 375. Commun à Cuques et dans les endroits stériles. Juin.

HORDEUM. L. gen. n° 98. Orge.

H. vulgare. L. sp. 125. *Ordi.* Cultivé et souvent subspontané. Mai, juin.

H. hexastichon. L. sp. 125. Cultivé. Mai, juin.

H. murinum. L. sp. 126. *Estranglo-besti.* Très commun sur les bords des chemins et au pied des murs. Avril, mai.

H. maritimum. With. arrang. 172. Rognac. sur les bords de l'étang de Berre. Juin.

SECALE. L. gen. n° 97. Seigle.

S. cereale. L. sp. 124. *Seglo, ségue.* Cultivé. Mai.

TRITICUM. P. Beauv. agrost. p. 103. Froment.

T. vulgare. Vill. dauph. 2, p. 153. *Blad.* Cultivé. Mai, juin.

T. monococcum. L. sp. 127. Vulg. Froment uniloculaire, Petite épeautre. Champ en friche au-dessus du pré de Magnan. Juillet.

T. vulgari-ovatum. Godr. et Gr. 3, p. 600. Bord du chemin au levant de Cuques. Juin.

T. ovatum. Godr. et Gr. 3, p. 601. *Blad de cougueu, Blad dou Diable.* Cuques et endroits stériles. Juin, juillet.

T. triaristatum. Godr. et Gr. 3, p. 602. Rives sèches à Repentance, à Cuques, rive gauche de l'Arc en aval des Infirmeries. Juin.

T. triunciale. Godr. et Gr. 3, p. 602. Rive stérile au levant de Cuques ; rive gauche de l'Arc vis-à-vis de la Passerelle, près du vallon du Tir. Juin.

AGROPYRUM. P. Beauv. agrost. 101. Agropyre. *Baouco.*

A. campestre. Godr. et Gr. 3, 607. Commun aux bords des chemins, au champ des manœuvres. Juin, juillet.

A. glaucum. Godr. et Gr. 3, 607. Champs cultivés, rive gauche de l'Arc en face du vallon du Tir. Juin, juillet.

A. repens. P. Beauv. agrost. 102. Vulg. Chiendent des boutiques. Bords de l'Arc. Juin, juillet.

A. caninum. Rœm. et Schult. syst. 2, p. 756. Bords de l'Arc en amont des Milles. Juin.

A. Rouxii. Gr. et Duval. (V. cusin fasc. 25, p. 349.). Rognac près de l'étang de Berre. Juillet.

BRACHYPODIUM. Beauv. agrost. p. 100. Brachypode. *Baouco*

B. sylvaticum. Rœm. et Schult. syst. 2, p. 741. Vulg. Froment des bois. Bords de l'Arc. de la Luynes, colline des Pauvres. Eté.

B. pinnatum. 6. australe. Gr. et, Godr. Commun partout. Eté.

B. ramosum. Rœm. et Schult. syst. 2, p. 737. *Lou groussier*. Commun sur toutes les berges. Eté.

B. distachyon. P. Beauv. agrost. 155. Bords des chemins et terrains incultes. Eté.

Lolium. L. gen. n° 95. Yvraie.

L. perenne. L. sp. 122. *Margau*. C'est le *Reigrass* des Anglais. Bords des chemins et champs incultes. Eté.

L. italicum. Braun. fl. od. bot. Zeit. 1834, p. 241. Traverse de Saint-Jérome au pied d'un mur ; enclos de Mme de Pradine. Eté.

L. multiflorum. Lam. fl. fr. 3, p. 621. Encagnano, sous le chemin de fer. Eté.

L. temulentum. L. sp. 122. *Juei*. Bords des chemins et champs incultes. Eté.

6. leptochæton. Braun. l, c. Dans un champ en friche. Juillet.

Gaudinia. P. Beauv. agrost. 95. Gaudinie.

G. fragilis. ibid. Champs et rives sèches. Mai, juin.

Nardurus. Rcheb. in Godr. fl. lorr. 3, p. 187. Nardure.

N. tenellus. 6. aristatus. Parl. fl. ital. 1, p. 485. Montaiguet, champ inculte, au couchant de la campagne de M. Pissin. Mai.

Lepturus. R. Brown, prodr. fl. nov. holt. p. 207. Lepture.

L. incurvatus. Trin. fund. agrost. 123. Pelouse près du château de la Calade. Juin.

3ᵐᵉ EMBRANCHEMENT

ENDOGÈNES CRYPTOGAMES OU ACOTYLÉDONÉES VASCULAIRES

Fougères

OPHIOGLOSSUM. L. gen. 1171. Ophioglosse.

O. vulgatum. L. sp. 1518. Prairies aux environs de la Pioline, sous les platanes du château de Fonscolombe. Eté.

CETERACH. Bauh. pin. 354. Ceterach.

C. officinarum. Willd. sp. 5, p. 136. *Erbo daurado*. Commun dans les trous des vieux murs et dans les fissures des rochers exposés au nord. Printemps et été.

POLYPODIUM. L. gen. 1179. Polypode.

P. vulgare. L. sp. 1544. Montaiguet, versant nord vis-à-vis de la fabrique du Coton-Rouge ; barrage du Tholonet rive gauche. Mai, juin.

ASPIDIUM. R. Br. prodr. nov. holl. p. 3. Aspidium.

A. aculeatum. Dœll. rh. fl. 20. Sainte-Victoire. Juillet.

ASPLENIUM. L. gen. 1178. Doradille.

A. Halleri. Dc. fl. fr. 5, p. 240. Saint-Victoire, vallon du versant nord vis-à-vis du château de Saint-Marc. Mai, juin.

A. trichomanes. L. sp. 1540. Commun dans les fissures des rochers exposés au nord. Mai, juin.

A. Petrarchæ. Dc. fl. fr. 5, p. 238. Entrée du vallon du Cascaveou dans les fissures des rochers à gauche. Mai, juin.

A. ruta-muraria. L. sp. 1541. Vallon du Cascaveou à côté du précédent. Eté.

A. adianthum-nigrum. L. sp. 1541. Sainte-Victoire. Eté.

PTERIS. L. gen. 1174. Ptéris.

P. aquilina. *Feuvo*. Dans le voisinage de Gardanne. Eté.

ADIANTHUM. L. gen. 1180. Adianthe.

A. capillus-veneris. L. sp. 1558. Vulg. Capillaire, capillaire de Montpellier, Cheveux de Vénus. *Capilèro*. Commun dans les grottes humides, au couchant du vallon des Gardes, il orne la foutaine d'eau chaude du cours d'Aix. Eté.

Equisétacées

EQUISETUM. L. gen. 1169. Prèle. *Coussaudo*.

E. arvense. L. sp. 1516. Commun dans les champs humides. Mars, avril.

E. telmateya, Ehrh, beits. 2, p. 159. Bords de l'Arc, ruisseaux des Infirmeries et des Pinchinats. Mars, avril.

E. palustre. L. sp. 1516. Bords de l'Arc à Roquefavour. Juin.

E. ramosum. Schl. cat. 1807, p. 27. Commun sur la rive droite de l'Arc, près de la prise d'eau de la Pioline. Mai.

TABLE

ALPHABÉTIQUE DES GENRES

A

D

L

M

N

O

P

Q

R

S

11

T

U

V

X

Z

TABLE

DES

NOMS PROVENÇAUX

SUIVIS DU

NOM LATIN CORRESPONDANT

A

Aligoufié 87 Styrax officinale.
Amarun 40 Lathyrus aphaca, 42 Coronilla scorpioides.
Amelanchié 48 Amelanchier-vulgaris.
Amendié 43 Amygdalus communis.
Amourié 117 Morus alba.
Amourié dei bouen ⎫
Amouro de malau ⎬ 118 Morus nigra.
Amouro de présent ⎭
Andivo 77 Cichorium endivia.
Angelico 55 Silaus pratensis.
Api 58 Apium graveolens.
Api fer 58 Ammi majus.
Aragno 132 Ophrys aranifera.
Ardeno 98 Rhinanthus minor.
Argalousso 32 Ononis campestris.
Argeiras 31 Ulex parviflorus.
Ariguié 47 Sorbus aria.
Arnaveu 29 Paliurus australis, 93 Lycium mediterraneum.
Aroumi 45 Rubus discolor.
Arquemiso 68 Artemisia vulgaris.
Arrapo man 62 Galium aparine.
Arrifouer 7 Raphanus sativus.
Asperjo 129 Asparagus officinalis.
Aspi ou Espi 100 Lavandula latifolia
Aubo 122 Populus alba.
Aubre de la Santo-Baumo 123 Taxus baccata.
Aumarino 121 Salix alba 6 Vitellina.
Auriheto 3 Ficaria ranunculoides.
Auriho d'aï 90 Symphytum officinale 95 Verbascum sinua-
    tum.
Auriho de lebre 57 Buplevrum fruticosum, 108 Plantago
    lanceolata.
Auriolo et Auruelo 75 Centaurea solstitialis.
Avausse 121 Quercus coccifera.
Avelanié 121 Corylus avellana.

B

Badaflo 108 Plantago psyllium.
Badasso 36 Dorycnium suffruticosum, Plantago cynops à l'errata.
Balandino 59 Conium maculatum.
Balico 100 Ocymum basilicum.
Balico fer 117 Mercurialis annua.
Barbabou 79 Tragopogon pratensis.
Barbabou dei champ 79 Podospermum laciniatum.
Barjalado, mélange de Vesce, d'Avoine et d'Orge.
Bartalaï 73 Cirsium ferox.
Bauco 149 Agropyrum Brachypodium.
Bello viando 38 Vicia sativa.
Bensibouneto 66 Solidago virga-aurea.
Berlo 58 Helosciadium nodiflorum.
Blad 148 Riticum vulgare.
Blad de cougueu ⎫
Blad dou diable ⎬ 149 Triticum ovatum.
Blad de Turquio 144 Mays Zea.
Blanqueto 11 Alyssum maritimum, 36 Dorycnium suffruticosum, 51 Herniaria glabra, incana.
Bledo 111 Beta vulgaris.
Bluret 74 Centaurea cyanus.
Bouen cardoun 76 cnicus benedictus.
Boueno bruisso 105 Sideritis hirsuta.
Bouens ome 103 Salvia pratensis et Verbenaca.
Bouen riblé 105 Marrubium vulgare.
Boues deis auriho 114 Daphne gnidium.
Bouioun blanc 95 Verbascum thapsus.
Bouis 117 Buxus sempervirens.
Bounet de capelan 29 Evonymus europœus.
Bouralen 97 Veronica didyma.
Bourragi 90 Borrago officinalis.
Bourragi fer 91 Anchusa italica.

Bourtoulaigo 50 Portulaca oleracea.
Boutoun d'argent 69 Leucanthemum parthenium.
Boutoun d'or 3 Ranunculus acris.
Bragoun 128 Aphyllanthes monspeliensis.
Bramo-fam 13 Iberis pinnata.
Bramo-vacco 124 Colchicum autumnale.
Brégoulié 118 Celtis australis.
Briouino 50 Bryonia dioica.
Brugas mascle 85 Erica arborea.
Brus d'escoubo 85 Erica scoparia.
Brusti 140 Andropogon ischœmum.
Bueneis erbo 58 Petroselinum sativum.
Buglo 106 Ajuga reptans.

C

Cabassudo 75 Centaurea collina.
Cabreireto 38 Psoralea bituminosa.
Cabridelo 66 Aster acris.
Cachouflié 73 Cynara scolymus.
Cade 123 Juniperus oxycedrus.
Cafarata ⎫
Canfourado ⎬ 112 Camphorosma monspeliaca.
Canfrado ⎭
Calamandrié 106 Teucrium chamœdrys.
Calapito 106 Ajuga chamœpitys.
Camoumiho 69 Chamomilla nobilis.
Campaneto 85 campanula rotundifolia.
Canebas 24 Althea cannabina.
Canebe 119 Cannabis sativa.
Canetto ⎫
Caneu ⎬ 141 Phragmites communis.
Cano 141 Arundo donax.
Capilero 152 Adianthum capillus-veneris.
Cauco-tripo 75 Centaurea calcitrapa.
Cardelo 81 Sonchus tenerrimus.

Coutelas 129 Iris pseudoacorus.
Coutello ⎫
Couteu ⎭ 130 Gladiolus segetum.
Creissoun 10 Nasturtium officinale.
Creissoun sauvagi 11 Cardamine hirsuta.
Crenié ⎫
Cresineu ⎭ 18 Silene inflata.
Cresto de gau 49 Lythrum salicaria.
Cupidouno 77 Catananche cœrulea.

D

Daradeou 87 Phillyrea angustifolia.
Darboussié ⎫
Darbousso ⎭ 85 Arbutus unedo.
Darboussiero 94 Datura stramonium.
Dent de garri 129 Smilax aspera.
Dent de lien 80 Taraxacum officinale.
Diabloun 39 Vicia narbonensis.
Douceto 64 Valerianella olitoria et V. coronata.
Dragoun 128 Aphyllanthes monspeliensis.

E

Embouisso 104 Phlomis lychnitis.
Embriago 6 Fumaria officinalis.
Encen 68 Artemisia absinthium.
Engraisso pouer 81 Sonchus oleraceus.
Entrevadis 1 Clematis.
Eouno ⎫
Eoure ⎭ 60 Hedera helix.
Eouve 120 Quercus ilex.
Erbeto 111 Beta vulgaris.
Erbo battudo 105 Phlomis herba venti.
Erbo benido 44 Geum urbanum.

Erbo deis esternut 83 Hieracium pilosella.
Erbo dòu couar 13 Thlaspi bursa-pastoris.
Erbo dòu fège 2 Anemone hepatica.
Erbo dòu siegi 96 Scrophularia aquatica.
Erbo dòu tarnagas 72 Filago germanica.
Erre 39 Ervilia sativa.
Escabiouso 65 Knautia arvensis.
Escarpouleto 79 Urospermum picroides.
Escudet 52 Umbilicus pendulinus.
Esparcet 42 Onobrychis sativa.
Espargoulo 119 Parietaria.
Espargaï 5 Papaver argemone.
Espinard 111 Spinacia.
Estello d'aigo 49 Callitriche verna.
Estranglo-besti 148 Hordeum murinum.
Eouve 120 Quercus ilex.

F

Faiar et Faou 120 Fagus sylvatica.
Falabréguié 118 Celtis australis.
Falagno 30 Rhamnus alaternus.
Farigouleto 102 Thymus serpyllum.
Farigoulo 101 Thymus vulgaris.
Farigoulo fero 69 santolina chamæcyparissus.
Fauciho 42 Coronilla varia.
Fauvi 30 Rhus coriaria.
Faviou 38 Phaseolus vulgaris.
Faveto 38 Variété du vicia faba.
Favo 38 Vicia faba.
Fenoun 56 Fœniculum vulgare.
Feauvo 152 Pteris aquilina.
Figo d'Antibo 52 Cactus opuntia.
Figuiero 118 Ficus carica.
Flous d'amour ⎫
Flous dei capouchin ⎬ 4 Delphinium pubescens.

G

Gratto-queu 46 Rosa canina.
Greou de massugo 115 Cytinus hypocistis.
Grimoine 46 Agrimonia eupatoria.
Gros-blad 144 Mays Zea.
Gros cardoun 73 Onopordon acanthium.
Gros daradeou 87 Phillyrea media.
Gros encen 68 Artemisia absinthium.
Gros frisoun 25 Erodium ciconium.
Gros grame 129 Smilax aspera.
Gros grapoun 54 Orlaya platycarpos.
Gros rasiné 52 Sedum altissimum.
Gros viouletié 88 Vinca major.
Grosso campaneto 89 Convolvulus sepium.
Grosso lanchousclo 117 Euphorbia characias.
Grouseié 53 Ribes uva-crispa.
Groussier 150 Brachipodium ramosum.
Grouyo 54 Caucalis leptophylla.

H

Harmau 110 Atriplex hortensis.
Houbeloun 119 Humulus lupulus.

I

Ieli 125 Lilium candidum.
Ieli rouge 125 Lilium martagon.
Ieu negre 38 Dolichos melanophthalmus.
Immourtello jauno 71 Hlichrysum stœchas.
Isop 102 Hyssopus officinalis.

J

Jacinto 127 Hyacinthus orientalis.
Jaisso 40 Lathyrus sativus.

Jaisso de prat 41 Lathyrus pratensis.
Jauneto 36 Lotus corniculatus.
Jaunoun 3 Ranunculus arvensis.
Jaoussimen 88 Jasminum fruticans et J. officinale.
Jeisseto 40 Lathyrus cicera.
Joun de testo 134 Juncus acutus.
Jounquio 130 Narcissus jouncifolius.
Juei 150 Lolium temulentum.
Jusieuvo 130 Narcissus poéticus.
Juver et Jiver 58 Petroselinum sativum.

L

Laceno 14 Rapistrum rugosum. Voir à l'errata.
Lacholebre 80 Chondrilla juncea.
Lachugo 81 Lactuca sativa. Les deux variétés.
Lachugo fero 80 Lactuca scariola.
Lachugueto 64 Valerianella echinata.
Lambrusco 27 Vitis venifera.
Lampourdo 84 Xanthium macrocarpum et X. strumarium.
Laurié 114 Laurus nobilis.
Laurié roso 88 Nerium oleander.
Lavando 100 Lavandula spica.
Lengo de cat 108 Plantago lanceolata.
Lengo de passeroun 113 Polygonum aviculare.
Lente 33 Medicago Lupulina, Falcata, Falcato-sativa.
Lentiho 39 Lens esculenta.
Lila 87 Lilac vulgaris.
Lin 22 Linum.
Luzerno 33 Médicago sativa.

M

Maco-muau 75 Centaurea aspera.
Majurano fero 104 Origanum vulgare.

Malisieuvo 61 Lonicera.
Màngeo–garri 45 Potentilla cinerea.
Manugueto 102 Calamintha nepeta.
Maou d'ieu 82 Pterotheca nemausensis 5 Papaver rhœas et
    P. argemone.
Margaïoun 144 Poa annua.
Margarideto 67 Bellis perennis et B. sylvestris.
Margaridié 69 Anthemis arvensis.
Margau 150 Lolium perenne.
Mariarmo 102 Hyssopus officinalis.
Marounié 27 Æsculus hippocastanum.
Marounié rouge 27 Pavia rubra.
Massugo 15 Cistus.
Mauvo et Maugo 23 Malva sylvestris.
Mauvo blanco 24 Althœa officinalis.
Medahio de Judas 11 Lunaria biennis.
Meï d'escoubo ⎫
Meï rouge   ⎬ 144 Holcus sorghum.
Meï negre 143 Polygonum fagopyrum.
Meï prim 140 Panicum miliaceum.
Melisso fero 105 Melittis melissophyllum.
Mentastre 105 Marrubium vulgare.
Mentastro ⎫
Mento   ⎬ 100 Mentha rotundifolia.
Mercuriau 117 Mercurialis annua.
Merinjano 93 Solanum melongena.
Mes de maï 12 Isatis tinctoria.
Milo–feuio 70 Achillea millefolium.
Miougranié 48 Punica granatum.
Mirayé 84 Specularia speculum.
Moucelé 13 Thlaspi perfoliatum et 64 Valerianella olitoria.
Moureleto 117 Crozophora tinctoria.
Mourre pourchin ⎫
Mourre pourri   ⎬ 80 Taraxacum officinale.
Mourven 123 Juniperus phœnicea.
Moustardo blanco 7 Sinapis alba.

Moustardo fero 7 Sinapis arvensis.
Mugué 127 Hyacinthus orientalis.

N

Nasco 71 Cupularia viscosa.
Navé et Naveu 8 Brassica napus.
Nertas 28 Coriaria myrtifolia.
Nerto 50 Myrtus communis.
Nespié 46 Mespilus germanica.
Nestoun 13 Lepidium sativum.
Niello 4 Nigella damascena.
Nouguié 120 Juglans regia.

O

Ordi 148 Hordeum vulgare.
Oulivié 87 Olea europœa.
Oulivié fer 88 Ligustrum vulgare.
Oume 118 Ulmus.
Ourigau 101 Origanum vulgare.
Ourtigo 119 Urtica.

P

Panado 51 Paronychia argentea.
Pan blanc 14 Lepidium draba.
Pan de couguieu 28 Oxalis corniculata, 64 Centranthus
   ruber.
Panicau 59 Eryngium campestre.
Paparudo 21 Stellaria media 98 Veronica hederœfolia.
Passo-roso 24 Althœa alcea.
Pastenargo 55 Pastinaca sativa.
Pastenargo bastardo 54 Caucalis daucoides.
Patto de loup 45 Potentilla reptans.
Pèbre d'aï 102 Satureia montana.
Pebrié 107 Vitex agnus-castus.
Pebroun 94 Capsicum annuum.
Peceguié 43 Amygdalus persica.
Ped de gau 82 Pterotheca nemausensis.

Peï de nouvè 83 Scolymus hispanicus.
Perièro 47 Pyrus communis.
Perussier 47 Pyrus amygdaliformis.
Pèse 40 Pisum sativum.
Pèse de sentour 40 Lathyrus odoratus.
Pèse rouge 44 Lathyrus tuberosus.
Pesoto 38 Vicia sativa.
Pet d'aï 73 Onopordon illyricum.
Pétavin 45 Rubus cœsius.
Pételin 30 Pistacia terebinthus.
Pibo d'Italio 122 Populus pyramidalis.
Piboulo 122 Pinus nigra.
Pichoun chaïne 106 Teucrium chamœdrys.
Pimpinello 46 Poterium.
Pin blanc 123 Pinus halepensis.
Pin dei bouen et Pin pignié 123 Pinus pinea.
Pinaou 65 Cephalaria syriaca.
Pissagou 57 Bunium bulbocastanum.
Plantagi 107 Plantago major et Pl. intermedia.
Platano 122 Platanus orientalis.
Plumo à gau, Plumet 142 Stipa pennata.
Pouarri 127 Allium porrum.
Pouarri fer 127 Allium vineale.
Poumbroyo 114 Chenopodium vulvaria.
Poumeto
Poumo de paradis } 46 Cratœgus monogyna.
Poumo d'amour 93 Solanum lycopersicum.
Pouncirado 102 Melissa officinalis.
Pourraco 128 Asphodelus albus.
Prébouissé 129 Ruscus aculeatus.
Prunièro 44 Prunus domestica.
Pulegi 104 Mentha pulegium.
Purgeto 114 Daphne gnidium.

R

Rampoucho 85 Campanula rapunculus.

42

Rasco 90 Cuscuta.
Rasin de terro, de Toulisso 52 Sedum dasyphyllum.
Rasin dòu diable 52 Sedum acre.
Rasiné 52 Sedum album et 109 Phytolacca decandra.
Ravanasso fero 12 Bunias erucago.
Redouno 81 Lactuca sativa.
Réséda 17 Reseda.
Reviro–menu 89 Vincetoxicum officinale.
Reviro–souleu 82 Pterothera nemausensis.
Rouello 5 Glaucium luteum.
Rouello jauno 5 Glaucium luteum.
Roumanieu et Roumanin 103 Rosmarinus officinalis.
Roumanieu de tino 129 Asparagus acutifolius.
Roumeno 81 Lactuca sativa.
Roumias 45 Rubus discolor.
Rouqueto 7 Eruca sativa.
Rouqueto blanco 8 Diplotaxis erucoides.
Rouqueto fero 8 Diplotaxis tenuifolia et 9 D. erucastrum.
Roure 120 Quercus sessiliflora, Pubescens, Peduncalata.
Rous 10 Rhus cotinus.
Rubi 61 Rubia tinctorum.
Rubisso 2 Adonis autumnalis.
Rudo 28 Ruta.

S

Sabounièro 19 Saponaria officinalis.
Sagno 134 Typha angustifolia.
Sambequié 60 Sambucus nigra.
Sanguino 60 Cornus sanguinea.
Sarpoulé 102 Thymus serpyllum.
Sauno-garri 146 Scleropoa rigida.
Saupignaco 94 Hyoscyamus niger.
Saupudoun 60 Sambucus ebulus.
Saureto 71 Helichrysum stœchas.
Sautoulame 80 Chondrilla juncea.
Sauvi 103 Salvia officinalis.
Sauvi fero et Sauvi jauno 104 Phlomis lychnitis.

Sauze 121 Salix alba.
Sauze musca 115 Elœagnus angustifolius.
Sauze plourour 121 Salix babylonica.
Scaviho 88 Jasminum fruticans.
Seglo et Sègue 148 Secale cereale.
Seneissoun 67 Senecio vulgaris.
Set–arpo 42 Hippocrepis unisiliquosa.
Sourbeireto 46 Agrimonia eupatoria.
Sourbier et Sourbiero 47 Sorbus domestica.
Sperjo 129 Asparagus officinalis.

T

Tamarisso 49 Tamarix gallica.
Tanarido 68 Tanacetum vulgare.
Tapenié et Taperié 14 Capparis spinosa.
Tartifle 93 Solanum tuberosum.
Tatino 61 Viburnum lantana.
Thè rouge dei couello 86 Coris monspeliensis.
Tieu et Tiu 23 Tilia.
Tirasso 113 Polygonum aviculare.
Tiro–peou 76 Lappa minor.
Touis 123 Taxus baccata.
Toumato 93 Solanum lycopersicum.
Trauco–peiro 28 Tribulus terrestris.
Trescalen rouge 89 Erythrœa centaurium.
Triangle 135 Cyperus longus.
Trioule 35 Trifolium pratense.
Tulipan 124 Tulipa.
Tulipan vioulet 2 Anemone coronaria.
Tussilagi 66 Tussilago farfara.

U

Ubriago 6 Fumaria officinalis.
Uyet 19 Dianthus.

V

Valinié 61 Viburnum lantana.

Varveno 107 Verbena officinalis.
Verno blancastro 122 Alnus incana.
Versile 61 Rubia tinctorum.
Viaulié jaoune 9 Cheiranthus Cheiri.
Viouletié 16 Viola.
Vis 60 Viscum album.

ERRATA

PLANTES OUBLIÉES OU RÉCEMMENT DÉCOUVERTES

Pages 6. Fumaria capreolata. Butte des Trois-Moulins, au midi, sur une rive gazonnée.

— 84. Xanthium orientale. L. sp. 1400. Rive droite de l'Arc, sur le chemin et dans la vigne de M. Marguery. Fin juillet.

— 108. Plantago cynops. Après Plantago arenaria.

— 138. Carex nutans. Host. Gram. austr. 1, p. 6. En cagnano sur une rive. Avril.

FAUTES D'IMPRESSION

Pages 14. Rapistrum rugosum. Ajouter le mot *Laceno*, nom provençal de cette plante.

— 17. Rante. Lisez Odorante.

— 71. Helichyse. — Helichryse.

— 77. Indivia. — Endivia.

— 117. Lanchouse. — Lanchousclo.

— Ibid. Eparge. — Epurge.

— 150. Reigras. — Ray-Grass.